U0901633

生活是一面镜子：你对生活微笑，生活也会对你微笑。

这样做，成就职业人生

王丽娟　向亚洲◎著

会做人就是给他人一份情怀，与自己一份方便；给世界一份温暖，与自己一份宽和。

我们常听到「做人难，难做人」的感慨，也常感受「先做人，后做事」的领悟。可见，学会做人不是个小问题，而是每个人一生的必修课，既是一门艺术，也是一门学问。

EMPH
企业管理出版社
ENTERPRISE MANAGEMENT PUBLISHING HOUSE

图书在版编目(CIP)数据

这样做,成就职业人生/王丽娟,向亚洲著. — 北京:
企业管理出版社,2013.5
ISBN 978-7-5164-0332-7

Ⅰ.①这… Ⅱ.①王… ②向… Ⅲ.①成功心理-通俗读物 ②个人-修养-通俗读物 Ⅳ.①B848.4-49 ②B825-49

中国版本图书馆 CIP 数据核字(2013)第 080196 号

书　　名:这样做,成就职业人生
作　　者:王丽娟　向亚洲
责任编辑:启　烨
书　　号:ISBN 978-7-5164-0332-7
出版发行:企业管理出版社
地　　址:北京市海淀区紫竹院南路 17 号　　　**邮编**:100048
网　　址:http://www.emph.cn
电　　话:总编室(010)68701719　发行部(010)68414644　编辑部(010)68414643
电子信箱:80147@sina.com
印　　刷:北京绿谷春印刷有限公司
经　　销:新华书店
规　　格:170 毫米 ×240 毫米　　16 开本 印张 14.5 213 千字
版　　次:2013 年 5 月第 1 版　　2013 年 5 月第 1 次印刷
定　　价:32.00 元

前言

常言说,职场如江湖,凭的是本事,靠的是人脉,拼的是实力,但真正决定职场成败的,却是做人。

人的一生,说到底,不过就是在做人。我们每天都在忙碌,每天都在做事,但做事之中,体现的其实是做人。无论什么样的工作,什么样的岗位,无论是领导还是普通员工,也无论上下联通、左右协调,还是同事相处、客户交流,或者迎来送往、拜访招待,无一件事不体现着做人。做事就是做人,做事的原则就是做人的原则;做事的方法也是做人的方法;做事的态度就是做人的态度。做事成不成功,关键还在于做人成不成功。所以,职场的成功,其实就是做人的成功;职场的失败,也就是做人的失败。

做人是一门至高的艺术,更是一门至深的学问。所谓"世事洞明皆学问,人情练达即文章",工作生活,事业家庭,时时处处,进退上下,无不体现着做人的奥妙。一个人不管有多聪明,多能干,背景条件有多好,如果不懂得如何去做人,那么他最终的结局肯定是失败。在现代职场,更是如此。因为现代职场不再是单打独斗的战场,而是互助合作的乐园。一个员工无论多么优秀、多么能干、多么强大,如果不会做人,就难以合群,就不能很好地融入团队,更不能自如地与同事合作,也就不能得到同事的配合和支持,他就会成为团队中的异类,被边缘化,甚至受到排挤,如此一来他怎么可能成功?注定处处受阻,事事不顺,最终一事无成。会做人,情况则完全不同,他能轻松融入职场,赢得好人缘,人人都愿意接纳他、尊重他、帮助他、支持他、配合他,他工作起来肯定事事顺畅,处处通达,职场之路也就必然会一帆风顺。

可见,要想在职场立于不败之地,一路通畅,必须学会做人!懂得做人的知识,掌握做人的技巧,才能成为职场上的宠儿,才能成为职场上的强人，才能万事随心，一帆风顺！

本书从正直做人、礼貌做人、热情做人、踏实做人、负责做人、低调做人、真诚做人、灵活做人，自信做人和感恩做人十大方面，全面探讨了职场做人的原则、立场、技巧和智慧，深入阐述了只有会做人，才能让职场一帆风顺的道理。内容丰富，风格清新，文字优美，选材精当，特别是大量取自于职场的鲜活案例，更易引发职场员工的共鸣，让他们在感同身受中提升做人技巧，使职场之路更为顺当和通畅。可以说，此书是广大员工学会做人、更好地融入职场、赢得职场成功的枕边书。

目 录
Contents

第一章　磨砺人品，正直做人：迈好职场第一步

不管在任何地方做任何工作，人品永远是第一位的。职场也是一样，优秀的人品永远是职场上最亮的金字招牌。所以，首先要磨砺人品，让自己正直、忠诚、守信、善良、厚道，以仁爱之心对人，以奉献之心做人，才能迈好职场第一步，让职场一帆风顺！

第二章　举止得当，礼貌做人：赢得职场好印象

一个人言行得当，举止得体，仪表整洁，形象良好，自然能得到领导的赏识、同事的欢迎和客户的信任，工作自然也能轻轻松松、顺心遂意，职场之路也必然能走得顺风顺水！

第三章　善于沟通,热情做人:如鱼得水融入职场

在现代职场,团队才是主体,个人只是团队的一份子,因而良好的沟通非常重要。只有沟通顺畅,才能使大家心往一处想,劲往一处使,才能使工作顺利,效益倍增。显而易见,一个木讷愚钝、冷淡不合群的人,是很难在团队里把工作做顺的。只有那些善于沟通、热情积极的人,才能得到大家的认可,受到大家的欢迎,从而轻轻松松融入职场,取得成功。

第四章　勤奋敬业,踏实做人:稳稳当当立足职场

任何时候任何地方,最受欢迎也最能获得成功的人,永远是那些勤奋、敬业、踏实、努力的人。只有这样的人,才能稳稳当当立足职场,扎扎实实做好工作。

第五章 敢于担当，负责做人：轻轻松松游刃职场

职场上，敢于担当责任与逃避责任的最大区别在于，前者总是成功，而后者只能平庸一生。因为勇于负责、敢于担当的员工，不仅是企业最需要的员工，更是领导和同事最信任、最离不开的员工。这样的员工的职场工作必定游刃有余，职场之路自然一帆风顺。

第六章 谦虚谨慎，低调做人：不怕低头才能最终出头

古语有言："满招损，谦受益。"谦就是低调，虚就是自知不足。谦虚谨慎地做人，才不会失去人缘；谦虚谨慎地与人交往，才不会失去知己；谦虚谨慎地工作，才能做出成绩。只有自知不足，才能不骄不躁，才会低调内敛；只有行事谨慎，才能懂得自省不足，见贤思齐，从而不断进步，最终成为一个站在高处的人。

第七章　宽厚豁达，真诚做人：人脉越宽广职场越顺畅

现代职场，凭的是能力，但靠的是人脉。一个人能力再强，没有宽广的人脉，成功一样艰难。宽广的人脉不仅能使你的职场奋斗不再孤单，而且能让你的职场之路越走越宽广，越顺畅。搭建人脉靠什么？靠真诚，靠以心换心，坦诚以对。所以，要想职场之路走得顺畅，宽容大度、豁达厚道、心怀坦荡、真诚待人，就相当重要。

第八章　智慧圆融，灵活做人：职场之路越走越宽

智是聪敏，慧是颖悟，圆是能屈能伸，融是融合无碍。智慧圆融，则是处世为人的无上法宝。为人只有智敏聪慧，圆融通达，灵动机变，才能左右逢源，进退自如，才能无往不利，事事顺心。否则，就有可能时时有碍，事事受阻，无一顺心。

第九章 拼搏进取,自信做人:你的成功无人能挡

有哲人早就说过:“自信是成功的第一秘诀。”很多时候,失败不是因为你缺少干事的才能,而是你心里没有那份成功的底气,因而自暴自弃,没有去好好拼搏,反倒抱怨命运不济。其实命运无所谓好与坏,成功也绝不只属于别人,只有你心中充满自信,努力进取,抓住一切改变命运的机会,才会得到好运的馈赠与垂青,成功也才无人可挡!

第十章 知足常乐,感恩做人:拥抱快乐享受幸福

感恩是生活的智慧,更是幸福的秘诀。只有懂得感恩的人,才能深刻地体会到当下拥有的幸福,感到满足,从而珍惜当下拥有的一切,更加谦卑地付出,更加热情地工作,更加主动地拥抱快乐,享受幸福!

第一章

磨砺人品，正直做人：迈好职场第一步

不管在任何地方做任何工作，人品永远是第一位的。职场也是一样，优秀的人品永远是职场上最亮的金字招牌。所以，首先要磨砺人品，让自己正直、忠诚、守信、善良、厚道，以仁爱之心对人，以奉献之心做人，才能迈好职场第一步，让职场一帆风顺！

1. 优秀的人品是行走职场的金字招牌

人品是一个人的标签，也是一个人的品牌。在职场上一个人的人品尤为重要，它是考量一个人好与坏的重要方面。任何一个想在职场立足并有所作为的人，首先要注意的，就是自己的人品。只有具有优秀人品的人，才能驰骋职场，才能达到成功的高峰。

衡量一个人的人品有三个方面：品德、品格、品质。品德有问题的人，做事藏在暗处，喜欢背后下绊子，给人设立障碍，制造矛盾，挑拨关系；善于使用谎言，对上司阿谀奉承，对同事或下属狐假虎威，一副小人嘴脸。这种人，具有极强的隐蔽性，常常以“君子”的形象出现在你面前，让你一时看不清他的本来面目。

品格有问题的人，做事低三下四，处事小气，斤斤计较，喜好占小便宜，目光短浅，往往为蝇头小利沾沾自喜。这样的人，品德并不高尚，极容易被利益所诱惑而做违心的事情，甚至常常被小人所利用。

品质主要体现在业务精通，知识广泛，做事果断，决定清晰明确，具有很强的组织能力和协调能力。品质有问题的人，做事拖拖拉拉，松松垮垮，职责业务不清，对相关业务知识了解甚少，表面上看起来这种人非常努力，但常常出错，成为上司责骂、处罚的对象。

看一个人的人品往往不在于他做了什么，而在于他坚持了什么，拒绝了什么。身心一致、心口一致的人，无论身处何地，都能散发迷人的魅力光芒。几乎所有的老板在用人上都希望自己能找到既有能力又有人品的人作为自己的助手。然而，这种几率相对少些，不然不会有“人无完人”一说。在人品和能力不能兼具的情况下，人品胜于能力。因为一个人只有有了好的人品才能考虑他的能力。人品恶劣的人绝对是应该受到鄙视的。有能力但没人品的人即使获得成功也只是暂时的，只有在保证个人人品人格纯洁之后，才能有资格去谈个人能力。

从古至今，对于人品和能力最好做出评价的有两人：一个是吕布，另一个是孙悟空。有人拿他们俩的人品和能力进行对比，是恰到好处的。

吕布最早的上司是荆州刺史丁原。丁原还是吕布的义父，两人算不上血缘关系，也算得上是感情深厚。正因为有吕布这个顶级人才在手，丁原才敢在大堂上推案而出，大骂当时势力强大的董卓篡逆。

吕布这样能力超凡的人才“勇而无谋”，缺乏战略思维和全局思维，倘若他的缺点仅仅如此，最多不委任他担重担就行了。要命的是，吕布还“见利忘义”，人品有重大缺陷。董卓了解了这一点，仅仅用了一匹赤兔马、黄金一千两、明珠数十颗、玉带一条，就让吕布割下了义父丁原的首级还主动拜董卓为义父。

吕布的能力的确了得，刘备、关羽、张飞三人联手，战了几十个回合，也赢不了吕布。董老板凭借这个人才，不把各路诸侯放在眼里。

说实话，董卓对吕布不薄，不仅给予高官厚禄，还让他当贴身护卫，以儿子相待。然而，人品问题是致命的问题，狗永远改不了吃屎的本性。司徒王允充分利用了吕布的人品弱点，以貂蝉为诱饵，吕布很快见色忘义，将第二个义父葬于戟下。

能力强而人品差的人，难以掩盖自己的自负，吕布被曹操的手下擒拿后，对曹操说：“你所担心的，不过就是我。我已经降服你了，今后你做大将，我担任副手，天下就是我们的了。”曹操可能有所动心，于是问他人的意见。有人反问了一句：“主公没看见丁原、董卓的结局吗?”这句话打消了曹操的念头，吕布被处死。

吕布和孙悟空都是能人，但是两人在人品上却截然相反。孙悟空对唐僧不辨是非很是恼火，却也没有一棍子将其打死，他回到花果山后，当听说唐僧遇难，内心却十分难受，即刻出山相救。

在某知名媒体举办的一次关于“单位最忌讳员工哪一点?”的访谈会上，许多著名企业家都旗帜鲜明地把“人才观”中的“人品”排在了第一位。可见，员工在人品方面所犯的错误是他们最不能容忍的。不少人在看到别人成功后总会慨叹自己的“时运不济”——不是没有遇到好的机会，就是没有碰到好的老板，再不然就是因为……很少有人能真正从自己身上找根源，去思考自己做人品质是否过硬、是否令人赞赏。很多人对于这一点缺乏深刻的认识：有的人过分地注重技巧、权谋和手段，却忽视对良好品格的培养；有些人虽然很有才干，但他们存在投机心理，像这样的人即使再专业、再有才干也会被众多单位拒之门外。事实上，哪怕是一个“才高八斗”的人，倘若轻视人品的自我修养和塑造，也绝对成不了真正的“人才”。倒是能力，在一个人的一生中是可以逐步提升的，就像所有事业有成的大老板一样，初入市场时也是所知甚少，在摸爬滚打中慢慢高瞻远瞩起来。当一个人的人品没有问题，并且有好的心态，善于学习，而组织又能够提供学习机会，能力提升根本不是问题。

其实人与人之间并没有多大不同，成功者与失败者、卓越者与平庸者之间的迥异之处正在于人品的高下。具有优秀人品的人，总是会时常从内心爆发出自我积极的力量。可以说，好的人品是一个人不断前进的动力，是行走职场的金字招牌。有了这块招牌，不论在哪儿，都会成功。人品就像火车的方向、路轨，而才能就像发动机。如果方向、路轨偏了，发动机的功率越大，造成的危害也就越大。良好的人品比一百种智慧都更有价值。每个人的潜力都是无限的，有什么样的人品，就会有什么样的工作业绩与生命质量。微软公司前副总裁李开复说：“我把人品排在人才所有素质的第一位，超过了智慧、创新、情商、激情等，我认为，一个人的人品如果有了问题，这个人就不值得一个公司去考虑雇用他。”

2.

忠诚是立业之本

忠诚的态度是敬业的土壤，这种对事业深厚的情感会给人无穷无尽的财富。有人曾讲，如果说生命力使人们前途光明，团体使人们宽容，脚踏实地使人们现实，那么深厚的忠诚感就会使人生富有价值和意义。有了对企业的忠诚，就会自觉地、热情地、全身心地投入到工作中去。忠诚是市场竞赛中的基本道德原则，违背忠诚原则，无论是个人还是组织都会遭受损失。相反，无论对组织、领导者，还是个人，坚守忠诚原则都会使其受益。忠诚是每位员工成长的最佳捷径，是员工立业之本，使员工忠诚也是每个企业必须修炼的一种能力。

忠诚是职场中最值得重视的美德。只有所有的员工对企业忠诚，才能发挥出团队的力量，才能凝成一股绳，劲往一处使，推动企业走向成功。一个公司的生存依靠少数员工的能力和智慧，却需要绝大多数员工的忠诚和勤奋。对老板忠诚并不是口头上的，而是要用努力工作的实际行动来体现。我们除了做好分内的事情之外，还应该表现出对老板事业兴旺和成功的兴趣，不管老板在不在身边，都要像对待自己的东西一样照看好老板的设备和财产。另外，我们要认可公司的运作模式，由衷地佩服老板的才能，保持一种和公司同发展的事业心。即使出现分歧，也应该树立忠实的信念，求同存异，化解矛盾。当老板和同事出现错误时，坦诚地向他们提出来，当公司面临危难的时候，学会和老板同舟共济。老板在用人时不仅仅看重个人能力，更看重个人品质，而品质中最关键的就是忠诚度。在这个世界上，并不缺乏有能力的人，那种既有能力又忠诚的人才是每一个企业企求的理想人才。人们宁愿信任一个能力差一些却足够忠诚敬业的人，而不愿重用一个朝三暮四、视忠诚为无物的人，哪怕他能力非凡。

小李最近很郁闷，他思前想后，就是不明白自己为什么无缘无故被老板炒了鱿鱼。业务能力差？不会吧，他能力突出，才华出众，是单位公认的业务骨干，去年年底还受到了总公司的表彰；业绩不够突出？应该也不会，单位里他的绩效名列前茅，好多同事暗地里都求他指点一二；没有处理好人际关系？好像更不会，因为凭小李的感觉，平时他能说会道，大方随和，对领导更是礼貌有加，人缘不会太差。这究竟是为什么呢？

为此，小李找到了平时关系不错的部门经理王某一探究竟，王某告诉他："怎么说呢，你的确很优秀，是个人才。但老板知道你在外面还有份兼职，经常利用工作时间干私活，老板认为与能力相比，忠诚守信对公司更重要，所以……"

小李恍然大悟，怪不得老板前几日还无意中问起他是不是在外做兼职，"当时还认为在干好工作之余，为自己谋点'外快'没什么大不了，殊不知断送自己职业前途的，正是对企业'不够忠诚'的这块短板。"小李追悔莫及。

忠诚不仅是一种道德品质，也是一种职业生存方式，更是优秀员工迈向卓越的必经之道。古今无数的事实表明，任用那些不忠诚的人无异于养虎为患。试想一个上司或老板怎会对此类部属有好印象而委以重任呢？因此，无论你的才能有多大，学识有多高，都要有忠诚的品格，这样才会把握人生成功的机遇。小李只要认识到这一点，今后的职业生涯依旧大有可为。

"忠诚胜于能力"，这是美国海军陆战队 200 多年来最重要的作战箴言，也是世界 500 强企业选人、育人、用人、留人的重要标准。皇帝需要他的臣民忠诚，领导需要他的下属忠诚，丈夫需要妻子的忠诚，妻子需要丈夫的忠诚。从古到今，没有谁不需要忠诚。只有对企业忠诚，对老板忠诚，一个员工才有立足之本，才会在岗位上做到最好，才能发挥出最大的光和热。

3.

诚信是做人的金字招牌

诚信不仅是一种品行，更是一种责任；不仅是一种道义，更是一种准则；不仅是一种声誉，更是一种资源。就个人而言，诚信是高尚的人格力量，诚信是宝贵的无形资产。每个人从踏入职场开始，就拥有了一张隐形的职场信用卡。这张卡记录了职业人的职场形象和职业操守，因此，从职业信用的角度看，信用比包装价值更高。

小锦毕业于某高校国际贸易专业，曾在贸易公司市场营销部实习过，也在某电子公司从事过国际贸易的开发。凭着实实在在的工作经验，她在一个以电子商务运营起家的公司任职。

这家新兴公司员工较少，小锦一人身兼数职，做过人事、行政以及与公司财务相关的工作。经过一年的时间，小锦根据个人偏好、性格特点、职业能力以及价值观，确定了自己的职业方向。

虽然不是学财务出身，但是她想做中小企业财务管理方面的工作。为此，小锦考取了会计从业资格证，准备跳槽。

一家从事家具研发设计与销售的公司需要招聘一名出纳。在面试的过程中，考官问小锦："你从事财务管理方面的工作有多长时间？具体工作内容都有哪些？"

对于这样的问题，小锦是有备而来的。当然，在准备面试的过程中，她思考过很多种可能性。

她的财务工作经验的确有限，过分夸大的结果是即使侥幸通过面试，以后栽在真刀真枪实战的时候，那怎么办？财务工作讲求认真精细，专业化程度决定了老板对你的信任程度。所以在面试的时候，小锦按照自己工作的实际情况进行了介绍，自己擅长什么，经历过什么，对哪些业务还不够熟悉。

没想到的是，小锦最后接到了录用通知。招聘方这样评价小锦："我们需要的是一个踏实肯干的年轻人，即使她专业基础比较薄弱，但是可以通过后天的磨炼来弥补，财务工作一定要看一个人的品质和德行……"显然，小锦的胜出是因为能够立足实际，客观地评价自己。

小鲁是学广告的，曾在某省级门户网站新闻版负责网站策划。虽然平台不错，但是小鲁有自己的想法，他希望能从事设计工作。那么，怎样才能投中目标企业和目标职位呢？

他在简历上动起了脑筋。艺术设计多少他也懂一些，加之网站策划工作经验，还是可以"加工"一下的。于是，小鲁就在工作经验和具备的能力上进行了"包装"。

没过多久，小鲁看到一家服装公司招网络宣传的美编。经过打听，这家公司的待遇和发展空间都不错，但是公司美编的工作不仅仅负责平面设计，还要懂一些服装设计的基本理念。小鲁动心了，把自己准备好的简历投了出去。

收到面试通知时，小鲁很兴奋。面试的过程很简单，问了几个基本问题之后，网站招聘负责人出了一道现场设计的题目——要求小鲁当场设计一个豹纹的图案。

这下小鲁傻眼了，虽然网页设计和平面设计软件操作熟练，但毕竟没学过素描、造型训练等课程啊，而且他没有相关工作经验，面对这样的考题，等于立刻被点了死穴。

在这个竞争激烈的社会，有一些职场人士为了获得更好的工作机会，急功近利，进而做出一些违背职场信用的事，比如投递不实简历，违反职业道德等。在信息不对称的情况下，很容易给用人方造成损失。正如前面提到的小锦，既然本身工作经验不足，应聘的又是技术含量相对较高的岗位，与其盲目夸大不如实事求是。表面看起来，小锦的做法缺乏技巧，但正是由于实话实说赢得了企业的信任，可以说，她在职场走稳了第一步也是最关键的一步。相反，在现实的求职中，小鲁的做法很常见。为了获得心仪的工作，尽可能地描述自己的能力，这本无可厚非，但是，描述和包装的度要拿捏好。如何“适度”而不“过度”，既能遵守职业信用，又能有效推销自己，这个很关键。作为求职者，最好的方式就是脚踏实地，不断提升自己的核心竞争力。

讲诚信的人，在任何时候都不会说谎。工作中的出错不可避免，在犯错误时，要勇于承担责任，及时向团队告知和分析出错的原因，尽力弥补损失。千万不要只是用“我不知道”这种话来搪塞，哪怕真的不知道问题出在哪里，也可以罗列一些可能性来分析，这样的表现会让你看起来很真诚。

一旦工作中出了差错，尽量在第一时间作出反应，这样会给别人一种你在积极应对差错，努力解决问题的感觉。比起一出事就当“鸵鸟”的那类人，你显得靠谱多了。诚信还表现在做好本职工作上。别总想着做厨师里面文章写得最好的，或者作家里面菜做得最好的，跨界并不适合每个人。与其东一榔头西一锤子地去“跪求”别人的肯定和信任，不如踏踏实实地做好本职工作。

不论是哪个行业，没有了诚信，就像一个没有血液的肢体，只有外表没有内在是不行的。教师不误人子弟，医生不拿病人当儿戏，职工对工作永远保持兢兢业业的态度，这都是讲诚信，这不仅是职业道德，更是职场人最受欢迎的金字招牌。

4.

正直的人永远受到尊敬和欢迎

正直，是人们敬仰的人所拥有的一种高尚品质。

但在职场中，有人说并不是所有正直的人都会得到好的结果，反而会有很多时候，因为正直给自己带来很多不必要的麻烦。我们经常会遇到这样的情况：因为某个人为人正直总是得罪公司里的人，虽然他有很强的能力，但总是得不到发展的机会。但这并不代表一个人正直就没有了用武之地，只要方法得当，宽广的舞台依然是属于“正直”的人。其实，每个人都渴望与大家一起出出进进、说说笑笑，渴望共同完成一件事情，有难同当、荣辱与共，这是人类的天性。正直的人也是一样，他们之所以被一些人认为是“不合群”，往往是人与人交往中各种矛盾的积累，将这种天性给扭曲了。正直的人一样渴望与人交往，只是更加强调与自己相同的人之间的交流。只要我们用心并努力，做个受人喜爱的同事，并不是很难的事，关键是要找到合适的方法，这样才不会让自己的正直无的放矢。找准方法，让自己立足于职场并受到欢迎是每个职场人的生存技巧。

与同事相处时，只要我们襟怀坦荡，诚实正直，严于律己，宽以待人，对同事一视同仁，不趋炎附势，不计较眼前的利益，放眼将来，同时保持乐观和幽默，就会使自己受欢迎。

老狐狸教了小狐狸遇到弱者就咬，遇到强者就讨好献媚后，又教小狐狸练长跑。小狐狸不耐烦地说：“爸爸，你不是说有了欺弱捧强的这两种本领后就能吃一辈子了吗？为什么还要练长跑？”

“孩子，”老狐狸说，“这两种本领虽然是我们的传家宝，但如果遇上不吃拍马屁这一套的强者怎么办？只有用跑来逃命呀。”

“哟！”小狐狸说，“做个正直的狐狸不就用不着去学这些危险、丢脸的本领了吗？”

“说是这样说，”老狐狸说，“可我们的祖宗八代不知试了多少次，要做到正直、诚实比学会这三种本领难上几万倍。”

在职场，很多人认为圆滑比正直更有前途，机会更多。做一个正直的人实在是太难，就如狐狸家族认为的一样。其实，只要坚守我们的原则，同时找到一个方法，做到正直并不难，而且最终的胜利者永远是那些正直坦荡的人，因为日久见人心。许多事情也许刚开始时会被人们不理解甚至遭人怀疑或抵触，但只要这样做是对的，日子久了，大家就会对你另眼相看，你就会在人们心中占有一席之地。这时候，就是大家接纳并欢迎你的时候。

一个人只要正直做人，凡事秉公处理，决不徇私舞弊，就能坦荡胸怀对明月，不惧旁人说是非。正直使人宽大为怀，不管别有用心的人怎样厚颜无耻地挑拨离间或者如何无情无义地恶语中伤，正直的人都不会针锋相对的。正直使人心安理得，无论是在荣华富贵面前还是在利欲熏心的外界环境中，正直的人都能依然坚贞不屈，毫无贪婪。正直的人永远都学不会假公济私的圆滑。当他襟怀坦荡的时候，就是你想投机倒把也不能得逞；就是你要偷梁换柱也不能蒙混过关。相反，他永远都能保持平心静气，待人总是一视同仁、不亢不卑。

没有正直，生活中的每一扇门都是紧闭的。因此，俄国作家克鲁泡特金提醒我们说：“如果没有正直，没有同情和互助，人类必会灭亡，恰像以强夺为生活的二三种动物，和蓄奴的蚁族的灭亡一样”。放弃正直的人，无非都是想彼此间尔虞我诈，浑水摸鱼。可是，这种背信弃义而居心叵测的伎俩，终有一天会让人两败俱伤。如果正直做人能够善始善终，那么，你就是公司最器重的员工，你就是同事心目中最好的伙伴。

5.善良厚道的人受人信任

“厚道”是处世的前提，人要想学会“处世”，首先要学会“做人”。“做人”就是立身处世以道德律己，以道德待人，人给我一横眉，我还人一笑脸；人给我一暗箭，我坦然回以报之。“厚道”会使人体会到交际沟通之道，只有你拥有了“厚道”的品行在交际之中才会无往而不胜。事物总是一分为二的，有厚道就有圆滑。时下社会趋于多元化，积极的一面固然很多，但也使得某些不厚道的人大行其道，看着这一部分人八面玲珑、左右逢源，倒也潇洒得很，或者说比较吃得开、玩得转。但是这些肯定都是暂时的，因为时间老人会作出正确的裁判。说得更透彻点儿，一旦被周围的人看清了真面目，那么这些多面讨好或者“墙头草”式的人物只能是聪明反被聪明误。人常说：“此人有厚福。”厚福，不是天赐之福，而是“因厚道而得福”。厚道的人朋友多，厚道的人容易得到别人的支持。所以，我们在与人相处时要厚道，严格地要求自己，宽容地对待他人。凡事礼让为先，为他人着想，能不计较的不要计较，能成全的就要成全，能帮助的尽量帮助，这样，我们办事才会比较顺利，前途才会更加广阔。

有人说过这样一段话：“时间已经在某些人的脸上刻上了一个代表信用的符号，无论他在哪里出现，都将受到尊重。你会情不自禁相信这样一些人，他们的外表就能给人以信任感，因为在他们脸上写着‘善良、厚道’几个字，这就是信任的基础”。为什么是时间刻下的符号？因为人与人之间只有通过时间来考验一个人是否有优良的道德品质，是否值得我去信任、深交。具有善良厚道品德的人，不会在背后使坏，不会在别人有困难的时候落井下石。他们会不由自主地伸出手去帮助别人，哪怕得不到任何好处。把自己的困难、心事，甚至是某些重大的计划交给这些人，你一样可以睡得安心，一样会达到你想去的目的地。

作为职场一员，要想得到别人的信任和帮助，我们首先要做的，就是厚道、善良。因为你善良、厚道，人们就会慢慢信任你，无论在哪种情况下，人们都相信，你不会掩饰自己的行为，不会无理争辩或推卸责任。

约翰早期从事房地产交易时，有一次，带买主去伊利诺州森林湖区看房子。房主私下与约翰说过，这栋房子大部分结构都不错，只是屋顶有些陈旧，需要翻修。买主是一对年轻夫妇，他们说准备买房子的钱有限，所以想买一处不用翻修的房子。他们看过房子后，觉得很满意，决定立即购买，并立即搬进去住。但就在这时候，约翰说出了实情，告诉他们房子的屋顶需要翻修，得花费 8000 美元。

对于说出真相的后果，约翰不是心中没数，但他不想欺骗每一位客户。最终，这对夫妇果然放弃购买打算。一星期后，约翰得知他们从另一家房地产交易所花较少的钱买了一栋类似的房子。

老板听到约翰把生意做砸的消息后，立即把他叫到办公室。约翰是个非常厚道的小伙子，从来不会撒谎，便如实交待了事情的经过。老板气得暴跳如雷，骂他多管闲事，并最终解雇了他。

约翰走出公司大门，心里很坦然，因为他所做的事没有违背良心。他的父亲总是对他说："你同别人一握手，就等于签订了一项合同。你若想在生意场上站稳脚根，就必须与人公平交易。"所以，约翰总是把人品放在第一位，认为诚实厚道做人比赚得金钱更重要。尽管当时他也想把那栋房子卖掉，但不能为金钱有损自己的人格价值。即使丢掉了工作，他仍然坚守自己唯一的做人准则——厚道、善良。

几年拼搏后，约翰筹集资金在加利福利亚开了一家小型房地产交易所。在商业圈内，他以做生意公道和为人厚道、善良而赢得了良好的信誉。虽然他也曾因为说实话而丢掉了不少的生意，但也因此得到了客户的信任，客户慕名而来，争相签订合同，

约翰的房地产生意日渐兴旺发达。

一个人如果走到哪里都无法得到他人的信赖，那么他的一生是失败的，他应该反省一下自己的言行，是否为了个人利益而失掉了人生中最珍贵的厚道与善良？是否偶尔也是为了个人利益而利用了别人的厚道与善良？

厚道没有固定的含义，它只能是某种精神的体现，厚道也没有固定的形式，它更多的应该是对生命的一种实实在在的解释。厚道就如冬日的斜阳，夏日的和风，不论作为人品还是作为德行，都是能打动人的。厚道让人信赖，让人踏实，让人熨帖，让人感动。厚道的人，作为朋友，可交；作为同事，可信；作为老师，可敬；作为领导，可从；作为下属，可用。厚道的人不会算计别人，厚道的人不会欺骗别人，厚道的人不会出卖别人，与厚道的人打交道就像在洒满月光的湖面上泛舟，让人感到宁静而温馨。

在职场，我们经常看到一些人，走到哪儿都有人打招呼，有什么困难都能得到大家的帮助，可以说，他们是公司里最受欢迎的人。只要有这种人，我们不用怀疑，这种人一定是善良而厚道的人。他们得到了大多数人的认可，就算能力一般，老板也愿意重用他，同事也愿意相信他，把他作为最可信的朋友。可见善良、厚道在一个人的一生中是多么重要而不可缺失的东西。只有有了这两样东西，才会得到同事的信任，才会有更多的机会成长，才会让眼前的道路越走越宽。然而，职场中总是有那么一些人为了眼前的小利而忘记了生命中最不可或缺的东西。所以，在职场甚至在人生的过程中，他们都是以失败而告终。世界是公平的，没有哪一个善于说谎、欺诈的人会是一生成功的，即使生命中曾经有过成功，那也是短暂的。

6.

心地磊落，行止光明

《论语·述而》中言："君子坦荡荡，小人常戚戚。"所谓"坦荡荡"，就是胸怀广阔，就是像雨果说的那样比海洋和天空更广阔。"常戚戚"就是鸡肠小肚。"坦荡荡"用现代语言来说，就是做事做人要光明磊落。一个人如果心灵是透明的，没有什么见不得人的东西，说话办事就能够襟怀坦荡。如果心存私念，说话就难免藏头露尾，怕见阳光。生活中有许多人是心灵纯正无瑕的"君子"，堪为世人楷模。作家王蒙有一枚闲章，刻有"不设防"三字。他说"我特别喜爱'不设防'这三个字"。不设防是由于胸怀坦荡，不做见不得人的事，没有见不得人的心计，什么都可以拿出来见见光、晒晒太阳。一个不设防的人，真诚、坦率、可靠，这样的人虽然比较容易暴露自己的缺点、弱点，但人们乐于接受和相信这样的人，而那些步步为营、处处设防、装模作样的人，由于他们的缺点被包裹得严严实实，人们难以看到他们的真情流露，对于这样的人，人们是不敢轻易接近，也不会轻易信任的。当然，生活中完全"不设防"有时候又不免吃亏上当，所以又有"害人之心不可有，防人之心不可无"一说。不论是"不设防"还是"害人之心不可有，防人之心不可无"，其主旨都是一样的，那就是为人处事首先要做到光明磊落。

雨婷和李冰两个人同在一家公司工作，平时关系相处得很不错。年终的时候，公司搞推广策划方案的征集和评比，倡导每一个员工都要积极参与，并决定对获奖者进行物质和精神奖励。雨婷觉得这是一个展露才华的好机会，一定要把握好。于是，她就开始积极准备，对市场进行了深入的调研。一个月以后，根据自己的调研资料和平时对市场工作的观察思考，她很快制作出了一份非常出色的策划方案。

策划方案征集截止的最后一天，李冰突然叹了一口气对雨婷说："唉，雨婷，你搞得怎么样了，我心里实在是没底啊。这是我的策划方案，你就帮我看看，顺便提提意见吧。"雨婷接过李冰的方案看了看，觉得她的方案没有一点儿创意，但自己也不好意思说什么，就把方案还给了她。

李冰一边接过方案，一边说："你的方案呢，让我也看看吧！"雨婷心里一阵懊悔，可自己刚才看了人家的，现在没有理由不让别人看，于是只好极不情愿地把自己的方案递给了李冰。但想到她即便是看了，也还是没法超过自己的，心里就又平静多了。

第二天在征集方案的评审会议上，按照公司的惯例，依然是由李冰首先起来对自己的方案进行讲解。李冰站起来说道："真是很遗憾，我今天只能用口头来表述我的方案，都怪我的电脑临时出了毛病，文件也被电脑病毒给毁了，但是我会尽快整理出书面材料的。"接着她就讲了起来。雨婷一听，非常气愤，因为她讲的方案竟然是自己的那份。总经理并不知情，还对李冰的方案大加赞赏，并希望她尽快把方案整理出来，公司也好尽早做好实施的准备。

雨婷思考了很久，敲开了总经理的门，请求总经理再给自己一天的时间，她一定会拿出好的方案。总经理只好答应了。一天后，评优活动如期举行。雨婷带着布满血丝的眼睛出现在现场，让所有人感到吃惊，当然这让李冰感到了恐慌。经过总经理和其他中高层管理人员的评比，结果终于揭晓，李冰的方案获得了一致通过，同时还有雨婷的方案也通过了评比。为了择一，总经理决定让二人进行讲解。雨婷先开始讲。她的方案不仅无懈可击，而且她在讲解的过程中把大家提出的每一个难点都予以满意的解答。轮到了李冰。她也蛮有把握地开始了。然而，有两个很关键的地方她无法解释清楚。面对大家的提问，她尴尬无语。这时候，雨婷走上前，给大家解释清楚了。总经理开始怀疑，雨婷就把前因后果向大家解释了一通。总经理听后大为恼火，当场准备辞退李冰。但是雨婷想到同事一场，这个结果她也不想看到，便向总经理求情。李冰还是留下了，然而，从那以后，除了雨婷很平淡地跟她打招呼外，几乎没有人再愿意搭理她。不到半个月，李冰自动离职了。而雨婷因出色的表现得到了总经理的赞赏，被提拔到中级管理层。同时，她的善良大度获得了很多人的尊重。

雨婷开始的忍让与再次奋起，还有后来对李冰的宽容，无一例外地证明了她的人格魅力，所以，她才赢得了众人的信任。职场是一个竞争场，竞争无处不在。但竞争的终极目的不是打败对方，而是最大限度地表现自己。根据心理学的观点，竞争是自我实现、获取他人认可和社会承认的内在心理需要。人人都想最大限度地发挥自己的潜能，人人都想比别人做得更出色，人人都想获得比别人更多的鲜花和掌声，所以产生了竞争。许多人在竞争的过程中忘记了为什么会有竞争以及竞争的真正意义所在，于是耍手段、玩心机、比捣鬼等一系列违背自己想法、违背本意的不正当竞争开始上演，而竞争最后的结果往往都是这种人输得最惨。为什么？因为他们的行为举止违反了职场最不能少的光明，这是职场不允许也是世人不能接受的。

身在职场，做人做事就都要坦坦荡荡，让自己的人格来铺就成功的正道，让自己优秀的品质来奠定成功的根基，这也是使自己永远立于不败之地的唯一途径。任何人都不可能以虚伪换得真情，不可能以严防换得别的人信任。从这一角度来说，其实不设防也是一种自信，就是相信自己的人品、道德、能力经得起检验。在光明磊落做人、坦坦荡荡做事的过程中，不设防，不仅少了许多麻烦，也少了许多烦恼。但这不是什么人都能够做得到的，这要有个条件就是必须心怀坦荡。心理阴暗，甚至心怀鬼胎、居心叵测的人，就是再怎么要求他不设防他也难办到。

7. 有仁爱之心

仁爱是我们生活中不可缺少的一种传统美德。真正的仁爱就是指对他人的困难处境发自内心的关怀，不为达到某个目的、不为得到回报，而是发自内心的愿意对他人进行援助。仁爱不是责任、不是义务，而是一种生活方式，一种做人的品质。通过自己的努力去减少别人的苦难，这个过程，你会享受到最大的快乐。仁爱不能掺假，如果掺入水分的话就会失去它的真正意义，就会得不偿失，失去别人对你的信任，还会失去内心真正的快乐。当我们向别人献出一份仁爱时，会从对方那里得到一份无限的感激，在这份感激中，仁爱得以发展和传递。“爱人者，人恒爱；敬人者，人恒敬。”这句贤文意指一个人只有真诚地关爱别人，才能得到别人永恒的爱；一个人只有真诚地尊敬别人，才能得到别人永恒的尊敬。爱与敬是双向的，没有播种就不会有收获。

很多人认为，职场上只存在利益，不存在真心，因此，他们为了赚钱而出卖自己的人格、思想，甚至灵魂。但是真正的职场赢家靠的不是心机与欺诈，更不是为了一时的利益给予别人小恩小惠，而是从心底拥有的一颗仁爱之心。职场必须讲究原则，一个没有原则的人是不能干大事的，但是一个有原则却有没仁爱之心的人会变得冷酷无情，会因为没有仁爱之心而失去人心，失去在同事中的地位。

总裁汤姆·沃森清晨开会时看到办公室里一个员工迟到并在会上无精打采，他并没有当场发怒，而是开完会后将这个员工叫到办公室，询问原因。经过谈话汤姆得知，这个员工的太太当天生孩子。他马上称赞道：“你今天还愿意来开会学习，真是优秀！”并马上带这名员工坐上自己的私人飞机前往医院的产房……

我想汤姆之所以能当上总裁，除了自身超强的学识和生意场上的本领外，还有最重要的一点就是他拥有一颗仁爱之心。任何人都有公私冲突的时候，这名员工在太太生孩子这样重要的时刻还能来参加开会学习，这确实是一种值得学习的好品质。汤姆没有因为员工在开会的过程中无精打采而去批评别人，而是在了解事情真相后称赞并帮助员工，毫无疑问，这名员工在以后的工作中会更加努力、认真，也会更加忠心于他的老板。有了这样的好员工，汤姆能不成功吗？

世界华人成功励志第一人陈安之说："世界首富非常了解管理要严格，但最有力的管理，要用真心，要用爱心。"这种仁爱之心不是小恩小惠，不是物质交换获得短暂喜悦，而是从心底里欣然地去接受别人。不管员工能力如何，对你的看法如何，你只要从心中生起这份爱心，而不求回报，就一定能够在恰当的时机硕果累累。

有一天，小树忽然问大树："你为什么长得这么高大，这么粗壮呢？"大树说："我每天被露珠、雨水和山泉滋润着，享受着朝曦和晚霞，有腐叶和鸟粪做肥料，所以我长得这样高大粗壮。"

小树说："是这些东西让你的体型如此潇洒吗？"大树说："当然，还要感谢风雨雷电，它们对我的成长而言，不是苦难，而是帮助。因为风为我做身材的修剪，雨为我洗去身上的尘埃，雷唤醒了我的正直，电为我斩除了傲慢和无礼。"

小树说："为什么有些树长得那样干瘦弯曲呢？"大树说："那是因为它们心里怀有抱怨、不满和愤恨，这些东西最能阻碍成长。"

小树说："可是我为什么长得这么矮小？"大树说："孩子，只要你能像我一样看待事物，有一天你也会长得像我一样高大粗壮！"

有人说，冲突是成功最大的敌人。这句话说得一点儿不错。因为有了冲突，便有了矛盾。矛盾会阻止人与人之间的沟通，隔断人与人之间情感的纽带。失去情感的纽带、孤军奋战的人是不可能达到成功的。所以在工作中，我们要尽量减少和同事和老板之间的冲突，就算有时候有一些委屈，只要我们用一颗宽容的仁爱之心去对待，事情就不会被我们弄得一团糟。所谓仁者无敌，就是说如果慈悲对待一切众生，我们的内心已经改变自己，我们的内心就没有敌人，这样哪一个人都不会恨我们，也就没有敌意了。用一颗仁爱之心去对待生活中的公平与不公平，不管哪个时候，心中都不存怨恨，以一分为二的眼光看待事物，以宽容之心去接受事物，还有什么事情是自己可以去怨恨的呢？职场中只要有了仁爱，一切都会变得美好起来。

8. 舍得付出，不计回报

很多职场人在刚开始工作时，意气风发，干劲十足，但若感到自己为企业做了重大贡献却没有人重视时，或者只得到口头重视得不到实惠的时候，他们就会愤怒、懊恼、牢骚满腹……最终，决定不再那么努力，让自己的所做去匹配自己的所得。付出就应该有回报，这似乎也是有道理的，但是对于职场新人来说，却是一种很不成熟的认识。

可锐职业顾问调研中心在对京、沪、穗、深四地 2000 名白领抽样调查后显示：65％的白领对工作持有一种吝啬付出、小富即安的心态。他们的口头禅是："工作不要辛苦，加班不要太累，薪水要容易拿。"可锐首席职业顾问卞秉彬先生认为，这种心态虽然可以让人心安理得，感觉舒服，但长此以往不容易取得事业的成功。在他看来，有这种心态的年轻白领首先要给自己一个明确的目标：物质上，比如今年拿 2000 元月薪，那么明年希望能拿到多少？不要想能加薪就加，不能加就认了，而不知去想办法，去努力。精神上呢，对于自己想成为什么样的人，要有个目标。其次，要有成熟稳定的价值观系统，比如早晨很累想睡个懒觉，觉得舒服是最重要的，但等到看到同事涨了工资，心里就不爽了，怪自己“命不好”，想跳槽，这样价值判断标准随意变动，始终都是让外界主宰着自己的行为与情绪，而不去想主宰自己。这是典型“只想回报，不想付出”的思想，这种思想往往阻碍着我们前进的脚步。

安德烈刚进入工厂时很年轻，像大多数年轻人一样，对于工作漫不经心，工作起来很没有劲头。直到他的父亲对他说：“你不可能在没有付出的情况下就得到你想要的一切。”安德烈开始反思了，他开始转变了，开始细心观察工厂的生产情形，甚至不计辛苦地向一些老技术工人去讨教。当他知道一部汽车由零件到装配出厂，大约要经过13个部门的合作，而每一个部门的工作性质都不相同时，他开始想：“既然自己要在汽车制造这一行做点事业，就必须对汽车的全部制造过程，都能有深刻的了解。”于是，他主动要求从最基层的杂工做起。杂工不属于正式工人，也没有固定的工作场所，是制造厂里最苦最累的工种，哪里有零星工作就要到哪里去。安德烈没有被吓倒，他一直牢记父亲的话，没有付出就不会有得到。通过做杂工，安德烈和工厂的各部门都有接触，对各部门的工作性质也有了了解。工作不久，他就把制椅垫的手艺学会了，后来又申请调到点焊部、车身部、喷漆部、车床部去工作。

不到五年的时间，他几乎把这个厂的各部门工作都做过了。

现在安德烈懂得了各种零件的制造情形，也能分辨零件的优劣，厂里没有任何一个工人能够像他一样懂行。这一切自然没有逃过老板的眼睛，安德烈顺理成章地被提升为车间领班。他任劳任怨、不计得失的精神被大家普遍认可，最终成为了这家制造厂的副总裁。

一个成功的员工不一定是一个聪明的员工，但肯定是一个勇于付出的员工。他们懂得怎么在付出中来提升自己的能力，尽管短时间内看不到任何回报，但他们始终相信，最终一定会实现自己的职业目标。

一切事业的成功总是掌握在那些勤勤恳恳、勇于付出的人的手上，即使是一个再平凡不过的员工，只要在工作岗位上兢兢业业，不怕付出，也不要去在乎什么付出必须有回报，那么职场上的“好运”也会在他不断付出的路上等待着他的到来。或许付出不一定马上让我们得到回报，但可以肯定的是职场的付出可以让我们变得更加优秀，更加成熟。

不少人，总是慨叹人生道路的落寞，慨叹无形的屏障使朝夕相处的人们相隔如重山。说到底，这种人的落寞来自于首先不肯付出，一个不肯付出的人，别人又怎么会与他真心相交往呢？巴金先生说过：“生命的意义在于付出、在于给予，而不是在于接受，也不是在于争取。”

现代社会，好像所有的付出都是有要求的，都是求回报的。为他人做一件事，没有得到表扬或者回报，心里就想：“我对他这么好，为他付出了那么多，但是他还不理解，以后再也不理他了。”这种念头，这种心态就是自私自利，就是有要求，要回报的。没有受到赞叹，没有得到好处，心里就开始埋怨，这是太多职场人迷失方向找不到前进的路的原因。初入职场，要想走好每一步，就要学会主动付出，并不计回报。在公司，主动替老板分忧，不求回报，不仅是敬业的表现，也是给自己争取更多的机会。那些主动请缨、为公司创下业绩、乐于付出不计回报的人，始终是老板眼中最好的员工。作为下属，我们要能够想老板之所想，急老板之所急，这同时也是在为自己寻求生路。特别是对于职场新人来说，这起码会给老板留下这样的印象——你已经进入了工作状态。一个人，在不同的场合可能会有不同的面具，但在上司面前，却需要适当地摘下面具，露出最真实的一面。如果你以为踏实肯干、任劳任怨的行为已经被社会淘汰了，那你就大错特错了，无论是对于企业，还是对于社会，勤勤恳恳的人哪里都是受欢迎的。“老黄牛”永远都是老板最相信也最喜欢的员工。不要担心没有人赏识你，不要总是感觉自己怀才不遇，是人才一定会得到老板的重用的，只要你一步一个脚印，做好身边的每一件工作，舍得付出自己的精力和劳动，机会一定就在眼前。

第二章

举止得当，礼貌做人：赢得职场好印象

一个人言行得当，举止得体，仪表整洁，形象良好，自然能得到领导的赏识、同事的欢迎和客户的信任，工作自然也能轻轻松松、顺心遂意，职场之路也必然能走得顺风顺水！

1.

穿着得当，衣着就是无声的名片

在武汉国际会展中心的招聘会上，看见一些应聘者棉衣、羽绒服加球鞋、棉鞋的装束，部分招聘负责人直摇头，湖北美利丰化肥有限公司的负责人王先生就是其一。该公司派出的招聘负责人全部西装革履，然而前来应聘的并没有几个人的穿着让他们“赏心悦目”。王先生说：“招聘会虽然只投递简历和问些简单的问题，但第一印象尤其重要，穿着正装会让人觉得你尊重招聘者，这会给应聘者加分不少。”

索尼公司（无锡）人力资源部的余小姐认为，穿着正装能给人留下态度认真的第一印象，就像女性“化妆”一样，既是尊重他人，也是尊重自己。某知名化妆品公司一位专业形象顾问到华中科技大学做客讲座时，曾经这样说：“如果你穿错了衣服，没有人会告诉你；如果你不懂搭配，没有人会告诉你。但是，人人都会看在眼里，记在心里，这些小节正在诋毁着你。”

随着社会的发展，职业着装这个无声的符号力量在商务交往中的影响力越来越大，它可以传达出你所在的职业、行业信息、职业化程度、受教育程度等信息。职场不是争奇斗艳的舞会，“人靠衣服马靠鞍”的前提是穿得对，在符合公司和职业特点的基础上着装，才能穿出你的独特的个人风采。得体的职业形象不能只靠外包装，它是每个人语言、表情、行为、习惯等综合因素的体现，只有平时注重自身多方面的知识储备和能力积蓄，才能做到随时随地地让自己气质独特、卓尔不群。

新人要看行业和企业文化穿衣打扮，因为服装在别人眼中是你是否能融入公司文化的第一印象。有研究说，同事对新人的感觉只有8%是看能力表现，另外37%是看身体语言所表达的信息，而高达55%是根据外表和着装，可见着装的重要性。有的公司人事手册上有员工着装规定，不必多说，但大多数公司没有明文规定，要看不同行业的服装标准。职场最需要表现给上司、同事以及客户的印象，专业稳重绝对要比时髦炫目重要多。因此在出门上班前，新人花几分钟正确地选择穿什么服装，对你的工作绝对多有加分的效果。

着装首先要给人职业印象，让人感到专业化、信任感和说服力，但是穿得过于保守，又会让人觉得乏味而呆板。依照社交礼仪，着装要赢得成功，进而做到品位超群，就必须要兼顾好个体性。正如世间每一片树叶都不完全相同一样，每一个人都具有自己的个性特点。在着装时，既要认同共性，又绝不能因此而泯灭自己的个性。着装要坚持个体性，具体来讲有两层含义：一是着装应当照顾自身的特点，要做到量体裁衣，使之适应自身，并扬长避短；二是着装应创造并保持自己所独有的风格，在允许的前提下，着装在某些方面应与众不同，切忌穷追时髦、随波逐流，使个人着装千人一面，毫无特色可言。总之，既要穿出自己的风格，又不失大体。

合适、合时的时装穿着，有利于给自己加分，有利于传递各种自己想要传递的信息给别人，从而建立起所需要达到的认知优势；而如果只是为了一味追求时装带来的惊艳效果，而频频在错误的、不合适的场合穿错装，那么效果适得其反。如果只是一味追求服装的性感、新鲜、争艳，在职场这个较为严肃的公众环境中，并不一定能起到为自己升职加分的效果。特别作为职场女性在着装上更是要谨慎，尽管目前职场上是以男性管理者居多，但一个成熟而专业的高管，并不希望女下属着装过于艳丽，花枝招展，太过显示女性的媚态；再者，如果遇到女上司，这种风格的打扮更不会获得认可，因为“同性相斥”的道理并不是没有道理。真正得体的是服装衬托你本人的风格，而不是只让别人看到服装这一点。你穿着的服装首先要能够体现你的身材，衬托你的肤色，从而做到扬长避短。每个人的心理状态都不同，有时可能是外向的，有时可能是内敛的，与此相对，你穿着的服装有时候需要夸张，有时候需要含蓄，服装除了合身之外，个性也要符合。服装还要跟场合合拍，晚上的服装放在白天穿，也是没有品位的。除此之外，还要跟季节、时代合拍。

得体、合适、适时的着装，会给你的第一印象大大加分。人们会把你看成一个你心中想做的那个人，也就是说，只要穿着得体，你的成功就迈出了第一步，就像一张名片一样，你的良好形象已经印在别人的脑海。

2. 说话得当，该说的说不该说的绝不说

人们常说，“良言一句三冬暖，恶语伤人六月寒”，可是又说“忠言逆耳利于行”，处于职场，到底该怎样来选择语言与人沟通才是最合适的呢？这是个让许多职场人头疼的问题。说话太多会让人觉得唠叨，少说或不说话会让人觉得太清高，不容易沟通；说话太直容易得罪人，说话拐弯让人觉得不可靠。职场是一个充满竞争和合作的地方，人际关系显得尤为重要。为人真诚有时能让你赢得赞赏，但会说话、八面玲珑的人才能如鱼得水。说话是一门艺术，也是一门技巧。即使你平时能言善辩，也要注意在职场中规范自己的言语，收敛过于张扬的行为，以免因说错话、说太多话而招来不必要的麻烦。

对于正在成长中的职场新人来说，学会适当的表达就尤为重要。因为这可以让你少惹许多麻烦，显示成熟稳重。比如刚刚知道的公司新秘密、还没有最终确定下来的事情、上级决策时所有的考虑因素，这些是不能说的范围，一旦说出来，必定会有麻烦上身。还有的人有时候说话不太注意，跟有的人一旦比较熟悉，就把知道的事情全盘托出，经常把一些事情透露给不应该知道的人，这样，领导会渐渐不信任他，认为他不能有效地控制自己，不能做到理性沟通。

背后说人坏话更是不对，这甚至可以说成是“人身攻击”。比如采购部搬到后楼办公地点办公，这完全是公司的全盘安排，与谁都没有任何关系，可有人偏偏会这样说：“是财务部想把采购部赶走，搬进去办公。”这全是自己的主观臆断，是对财务部的“人身攻击”。

还有一种人，一生气就会胡言乱语。比如发现同事工作中的误差，就会大骂：“这种人怎么这么笨啊？”“这种水平还在这里混什么？”等伤人的话语，这些原本都是心情不好时的气话，却不想正是因为这些气话，把周围的同事得罪个遍，下次自己有什么闪失，别人一定不会帮你说上半句好话。祸从口出，这是前人总结出来的，不会错。

因为说错话而推卸责任，也是工作中的大忌。说了错话就应该在受到质疑时自觉承担、诚恳认错并改正。说过什么别人是会知道的，不要总是尝试着掩盖掉。面对上司对工作的询问，不要总是把好像、大概、可能之类的话放在嘴边，这样上司会认为你一定是一个工作不负责任的人。

为什么有的人一开口就能抓住对方注意力，在谈话过程中巧妙引导对方心理，悄无声息地突破对方心理防线，而有的人却只能眼睁睁地看着自己面前的人茫然地随声附和，敷衍地点头，眼神一片空洞，思绪完全飘到了其他地方？这是因为，无论在哪个场合，说话都要得当，一是让别人觉得有兴趣听，还要让自己说得方圆而无漏洞。如果你口若悬河却前言不搭后语，最后只会落得别人无趣，自己更无趣。

海南有个推销员，一天下午住进杭州一家旅馆。进房间放下旅行包，见房内已有一位客人，正躺在床上看报纸。海南人就主动问话。

问：“请问师傅来多久了？”

答：“我也刚来一刻。”

问：“听口音您不是本地人吧？”

答：“噢，山东枣庄人。”

“啊，枣庄是个好地方！我在读小学时就在《铁道游击队》的连环画上知道了。两年前去了一趟枣庄，还很有兴致地玩了两天呢。”

听了这话，那位枣庄人精神为之一振，立即起床，先是递烟，互赠名片，接着一起进餐。当晚双方就谈成了一笔互利互惠的生意。

“一人之辩，重于九鼎之宝；三寸之舌，强于百万之师”。综观古今中外，社会的文明和进步，人际交往的频繁和扩大，口才实际上已成为一个人成功的重要条件。翻看古今中外的历史，口才的效应无与伦比。历史上，毛遂自荐，救赵于危；晏子使楚，不辱使命；墨翟陈辞，止楚攻宋；诸葛亮的“隆中对策”，是天下三足鼎立的策略基础，“舌战群儒”更是力挽狂澜的宏论雄辩。他们无一不是靠着卓绝的口才取胜。职场也是一样，很多时候，一个会说话的人办起事来会比别人简单、容易。

职场说话有三大禁忌，需要我们平常多注意，不可涉及。

禁忌之一：不谈论涉及隐私性内容。在同一个工作环境下，绝对只谈公事也是一件不可能的事，然而，职场人在吐露心声的时候，请考虑下对方是否会将秘密传开，招来非议，甚至灾难，给自己带来不必要的麻烦。职场人要把握好同事间和平、互助、有距离的尺度，以平和的心态对待别人的隐私，也不要有事没事就向别人吐露自己的过去或隐秘思想，减少惹来不必要的危险与烦恼的可能。

禁忌之二：自我炫耀。在办公室里不可当众炫耀自己，露骨地炫耀自己的才华，不会博得别人的友好，只会招来嫉妒和麻烦，别人还会觉得此人高傲、不可一世，从而与同事之间的关系也变得恶劣，被孤立的现象也可能会出现。有才能就在实际工作中展现出来，而不要靠张嘴。

禁忌之三：说话不分场合，不懂分寸。办公室里与人相处要友善，说话语气要和谐，要让人觉得有亲切感，即使是有了一定的级别，职位较高，也不能用命令的口吻与别人说话，那样会让同事觉得有距离感。虽然有时候，大家的意见不能够统一，但是有意见可以保留，对于那些原则性并不很强的问题，有没有必要争得你死我活呢？一味地逞强，最后只会成为一个不受欢迎的人。总之，说话分场合、有分寸、能得体，职场人的职场生涯就会更成功。

3.

举止得当，站有站相坐有坐相

踏入职场第一步是每个人都要经历的，那就是面试。面试时许多细节也许是初入职场的人容易忽视的，但却是考官很在意的。比如面试时不经意的举止，考官可以从中看出你的个性、你的修养以及你的日常习惯。所以，行为举止，是你进入职场的第一张考卷。

当着人挖耳朵、擦眼屎、剔牙缝、擦鼻子、打喷嚏、用力清喉咙，都是粗鲁与令人生厌的小动作。你可以将双手交叠在膝上，用拇指指甲抚弄着另一只手的掌心，这样你的双手就会被很好地管制住。即使喷嚏难以抑制住，打过之后你也应该说一声“对不起”。这样，被喷嚏所破坏了的谈话气氛又可以马上恢复过来。扮鬼脸也是一种不雅的小动作。有些人总爱在脸上表露出对别人说话的反应，或惊喜，或遗憾，或愤怒，或担忧，表达这些情绪时，他们总是歪嘴、眨眼、皱眉、瞪眼、耸鼻子，这就是扮鬼脸，这是不受人欢迎的。还有一类小动作就是为了掩饰内心的紧张和不适而去抓头皮、弄头发、搔痒痒。克服这类毛病并不难，保持轻松自在的坐势，双手平稳地抱臂，如果带有公文包，用手抱着包，或者手握手也行。不要嚼口香糖，也不要吸烟。

一家有名的大公司在媒体上刊登一则招聘广告，要聘一名办公室文员。应聘当天，闻讯前来的应聘者有100余名。公司人力资源部长准备借用笔试筛选一部分人再做决定，然而总经理却拒绝了如此繁琐的招聘手续，他吩咐人力资源部长传唤每一个人到他的办公室做现场应聘。被人力资源部长传唤而去的一个个应聘者，他们不是夹着厚厚的简历表，就是怀抱一摞证书，甚至还有人怀揣着公司上层领导的朋友的介绍信。

然而，总经理走马观花地面试前来的应聘者，每出去一人，他总朝人力资源部长摇摇头。在总经理感到失望之时，一个貌不惊人但衣着整洁的男孩被人力资源部长传呼而来。人力资源部长面对男孩的两手空空，他替男孩惋惜——怎么一点儿也不准备呀，至少也该有份简历表呀。

只见男孩走到总经理的办公室门前，礼貌地敲了三下门，待里面传出“进来！”，他才轻轻推开门，立于门前，认真地蹭掉脚上的泥土，而后进门随手关上门。刚走近总经理的办公桌，男孩发现地上有本书，很自然地拾起放到办公桌上。总经理和男孩坐着简单地交谈了几句，这时有人敲门说是找总经理，门一开，一位残疾老人蹒跚而入，男孩连忙起身搀扶老人，而且让座于他。男孩所做的一切毫不做作，呈现在别人面前的是善良、体贴。

当男孩走出办公室，人力资源部长进来准备请示总经理再传呼下一人时，总经理微笑着冲他点点头说：“就是刚刚的男孩被我聘中了！”人力资源部长惊讶地问道：“刚刚那男孩？他既没有一本证书，也没有受任何人的推荐，甚至连最基本的简历表都没有。”

“你错了，”总经理对人力资源部长说，“其实他带来了内容丰富的简历表，而且是这些人中最优秀的简历表！”人力资源部长疑惑了：莫非男孩是他的亲属或有特铁的关系？总经理继续微笑着说：“男孩的言行是他最优秀的简历表，他轻敲三声门，说明他懂礼节，做事小心仔细；他在门口蹭掉鞋上带的泥土，说明他注重细节；当看到那位我有意安排的残疾老人进门时，他立即上前搀扶，而且让座，表明他善良、体贴、热情。当其他所有的人都从我故意放在地板上的那本书上迈过去，而男孩俯身捡起那本书，并放回桌上，他的动作是那么自然、镇定。他和我近距离交流，他的回答干脆果断，他的头发梳得整整齐齐，指甲修得干干净净……难道这些细节你不认为是男孩最优秀的简历表吗？我认为他的言行就是他最好的简历表！”人力资源部长心悦诚服地笑了起来。

俗话说：“坐有坐相，站有站姿。”职场对任何一个人都是公平的，有些人之所以认为命运或者现实对他不公平，是因为他并没有看到自己在某些方面的不足，或者只看到了自己的长处而忽略了自己的短处，与其这样心生怨气，还不如努力去改变自己，让自己变得更强，这样，才会在职场更顺利，更受人欢迎。

在职场接触形形色色的人，也许你不经意间的小动作、小行为就会让别人对你的印象大打折扣，因此要时刻注意自己的举止。

首先要举止得体，也就是你的一切举止动作，都要合乎体统，符合身份，适应场合，并且能够恰如其分地借以传达出个人意愿。有关统计数据表明，在人际交往中，约有80%以上的信息是借助于举止这种无声的“第二语言”来传达的，而有声有息的语言所传达的信息却绝对不会超过20%。由此可见，举止得体是何等的重要。

其次要举止适度。你的一切举止都要尽可能地符合礼仪规范，使之适时、适事、适人。超过了合“礼”的标准，或是达不到合“礼”的标准，同样都是失礼于人。

最后要保持风度。你的一切举止都应做得优美、潇洒、帅气。对于任何一位有文化、有教养的职场人员来说，潇洒的风度都是梦寐以求的。举手投足之间无意流露出的魅力和优雅，才是真正职场人应该拥有的风度，也是成为一个成功人士的必备因素。

4.

讲究礼仪，待人接物以礼为先

职场礼仪，是指人们在职业场所中应当遵循的一系列礼仪规范。学会这些礼仪规范，将使一个人的职业形象大为提高。职业形象包括内在的和外在的两种主要因素，而每一个职场人都需要树立塑造并维护自我职业形象的意识。了解、掌握并恰当地应用职场礼仪有助于完善和维护职场人的职业形象，会使你在工作中左右逢源，事业蒸蒸日上，成为一个成功职业人。“不以规矩，无以成方圆。”礼仪是我们工作中经常要用到的一个东西，个别单位还会有一些自己的规矩，熟知这些规矩，你就能够迅速成长为一名真正成熟的职场人士，生活中少闹笑话，工作中不再犯晕。过去，你或许会因为不懂礼仪而好心办成坏事，或者工作勤勤恳恳，但就是不招领导待见，那么从现在开始，只要你认真学习，努力改变自己，你将会成为领导眼中的“金牌员工”。

职场礼仪涉及很多场合，很多规范，简单地说，就是要学会尊重人。尊重人，是一切礼仪规则的核心。你如果希望别人尊重你，首先要学会尊重人。这是“待人接物”的一条重要原则。接一个电话、和同事交流意见、与合作伙伴讨论工作、招待来访客人、向上司汇报你的工作，等等，任何一件小事都包含有职场礼仪，任何一件小事都能看出你是不是一个合格的职场人。

在职场中，好多人因为不懂礼仪，收到别人的名片后随便放，却没留意到对方的脸已经悄悄拉长了；给领导敬酒时把酒杯举得比对方还高；哪怕是和同事们打交道，无形中得罪了人，比如代人接听电话，无意中知道他人正准备跳槽……礼仪不是繁文缛节，不是阿谀奉承，礼仪也不只是对人有礼貌，当然，也没有一些人想象得那么高深。礼仪是我们工作、生活中经常需要用到的一些交往技巧。礼貌是叫你要对人好，礼仪则是教你如何让对方感受到你的好。只有借助一定的规范和技巧，你的礼貌才能得体地表现出来，为他人所接受。

可以说，一个人只有礼仪上真正成熟起来，才能算是在职场上合格了。很多人觉得自己刚参加工作，还年轻，所以拒绝学习职场礼仪，结果闹了许多笑话却不自知，甚至无形中得罪了人，还不知道自己到底是怎么输给别人的。还有些人会说："我已经工作几年了，怎么会不懂礼貌呢？"这样理解"礼"，也是存有误区的。不一定工作了几年的人就懂得礼仪。

礼可以让我们把事情做得更加顺利，比如说我想要表达对另外一个人的敬意，通过合适的礼仪，他感受到了。又如我想要做一件事情，按照约定俗成的方式去做，对方就会按照约定俗成的方式回答我，否则人们就会说他"不得体"、"不懂事"。礼仪是需要学习的，因为礼仪自有一套仪式。就是说，你对一个人再怎么尊重，都必须通过一定的形式才能表现出来。比如说，你在餐厅里吃饭，有个领导向你这个方向走了过来。你对他很尊重，但是你既不起身，也不向他问好，你说你心里面很尊重他，对方能感受得到吗？

"礼仪"，这是两个字，虽然大家说的时候也会简化成"礼"，但在学习的时候往往只关注到了"仪"这一部分。"仪"是形式，怎么穿戴，怎么吃饭，怎么走路，很直观，容易学，但是"礼"就不一样了。"礼"是本质，是你内心的真实想法，是要发自内心地尊重一个人。一个讲究礼仪的人，不管在什么场合都会让周围的人感到很舒服。在职场中也是如此，因此讲究职场礼仪，也是一个职场人一定要做到的。对待他人时，应尊重、坦诚、宽容，以礼为先。

一位民营企业的老总告诉记者，有的学生应聘时单手递简历，单手接登记表，回答问题时左顾右盼，应聘结束后立即转身离开，忘记说"谢谢"。他表示，在就业竞争激烈的今天，能力固然重要，但如果忽略了"礼仪细节"，不少机会就会悄悄溜走。

礼仪的重点和核心是对待他人的诸多做法中最要紧的一条，就是要敬人之心常存，处处不可失敬于人，不可伤害他人的尊严，更不能侮辱对方的人格，掌握了这点，就等于掌握了礼仪的灵魂。

5.

打造自己良好的职业形象

个人形象简单地说就是一个人的外表或容貌。社会学者普遍认为一个人的形象在人格发展及社会关系中扮演着举足轻重的角色。个人形象来自于他人通过观察、聆听、气味和接触等各种感觉形成的对某个人的整体印象。

说到“形象”这个话题，我们就不能否认这样一句话：“无论是否经过刻意塑造，我们每个人都有一个与自己相对应的形象，而且不会因为没有特别花时间和精力有意识地设计，就不存在与别人的显著差异。”因此，你在办公室里选择穿什么样的衣服，应该是一个值得仔细考虑的问题，而不是闭着眼睛从衣橱里摸出哪件穿哪件，随意打扮一番。

一位幼儿园老师上门家访，前脚离开，后脚就引起了一场家庭会议。“我们一定要转园！”妈妈、奶奶斩钉截铁地说。园长想不通了，别人抢着要求进园，这家却强烈要求退园，一问原因费思量：“不能把宝贝交给这样的老师！这个家访的女老师穿着吊带背心，还是露脐装！”

你要记住一件非常重要的事情——穿在身上的衣服并非只有蔽体之功用，还应该成为一个与他人进行沟通的工具，能让对方理解我们通过衣服发出去的信息，对这一切，你都要做到了如指掌。就像你哪天走进一家理发店一样，里面的理发师自己顶着一头乱糟糟的头发，显然你会觉得这是个不专业的理发师，甚至会打消在这里做头发的念头。而当你碰上一位自己就画着完美妆容的美容顾问时，相信不用对方多费什么口舌，你也会做出恰当的选择。同样，如果一位陌生的男子穿着一身皱巴巴的西装，头发蓬乱地向你推销其公司的新产品，你会相信他的话吗？至少你的眼神会传递给他一种信号："你的形象与这份职业不相称。"所以，如果你展示给别人的是自信与高贵，那么，别人就会以对待自信、高贵的人的方法来对待你；如果你展示给人的是杂乱与邋遢，那么，别人则会用同样的方式对待你，甚至是轻视与疏远。这就是职业形象的魅力。

职业形象要达到几个标准：与个人职业气质相契合、与个人年龄相契合、与办公室风格相契合、与工作特点相契合、与行业要求相契合。个人的举止更要在标准的基础上，在不同的场合采用不同的表现方式，个人的装扮也要做到在展现自我的同时尊重他人。

首先，个人的个性特征通过形象来表达，并且容易形成令人难忘的第一印象。第一印象在个人求职、社交活动中会起到很关键的作用。特别是许多人力资源部门在招聘员工时，对应聘者职业形象的关注程度要远远高于我们的估计，许多公司在面试中对职业形象方面的关注比重很大。因为他们认定，那些职业形象不合格、职业气质差的员工不可能在同事和客户面前获得高度认可，极有可能令工作效果大打折扣。

其次，职业形象强烈影响着个人业绩，最直接的受影响者就是业绩型职业人。如果自己的职业形象不能体现专业度，不能给客户带来信赖感，所有的技巧都是徒劳，特别是对于一些从事非物质性销售工作的职业人来说，客户认可更多的是人本身，因为产品对他们来说是虚的。即使是人力资源部门的人，如果在和政府机关、事业单位、合作伙伴打交道过程中，职业形象欠佳，也极有可能把良好的合作破坏掉。

再次，职业形象会影响个人晋升几率。获得上司的认可是晋升的核心要素之一，如果因为在上司面前的职业形象存在问题，导致误会、尴尬甚至引发上司厌恶，业绩再好也难有出头之日。如果在同事同级层面上，因为职业形象问题导致离群、被孤立、被排斥，那么就断了晋升的念头吧。

职业形象建立起来很不容易，不能忽视任何一个细节，不能小看任何一个动作，而毁掉一个良好的职业形象却是可以在一瞬间完成的事情。所以，不论何时何地，我们都要维护自己与众不同的职业形象，从而得到上司、同事以及身边人的认可，赢得职场好印象。

第三章

善于沟通，热情做人：如鱼得水融入职场

在现代职场，团队才是主体，个人只是团队的一份子，因而良好的沟通非常重要。只有沟通顺畅，才能使大家心往一处想，劲往一处使，才能使工作顺利，效益倍增。显而易见，一个木讷愚钝、冷淡不合群的人，是很难在团队里把工作做顺的。只有那些善于沟通、热情积极的人，才能得到大家的认可，受到大家的欢迎，从而轻轻松松融入职场，取得成功。

1. 热情的人总是吸引别人向他靠近

一个人人际关系的好坏，往往取决于他与别人沟通时的态度，因为人际关系既是相互吸引的，也是相互排斥的。如果你一开始就表现出不友好或者较冷淡的态度，对方也自然不会以热情来对待你。一个人是否热情，决定了周围人是否喜欢他，接受他。热情是成为一个优秀者所必须具备的品质，影响着一个人生活的方方面面。我们不妨留意身边的人，通常那些受人欢迎、人缘极好的人都是热情的人，这些人无论是对工作还是对生活，都保持着始终如一的热情。热情是一笔珍贵的资产，无论知识、钱财或势力都比不上它。有的时候，热情不但有助于一个人在工作上给人留下好印象，还能让一个人体验到生活的阳光。热情像一块磁石，能把周围的人吸引到你的身边，还能让周围的人感受到精神的力量，感觉好像什么奇迹都能创造。

当你第一次走进办公室时，是否有一种紧张感？有时甚至不仅紧张，而且还焦虑，没心思工作，跟谁都不愿意讲话。一天下来，你会觉得这份工作又累又枯燥，让一直自认为有才能的你有吃不消的感觉。为什么会产生这种感觉？是因为你迷失在了与人的沟通中。简单地说，是你少了该有的那份热情。办公室中的人际关系对你一天的情况影响很大，可以这样说，如果你拿出你的热情，与工作伙伴积极互动，你工作起来会觉得比较容易，而且也有意思。反之，你就会找不到快乐的理由。

做人与做事，两者相辅相成，密不可分。做人是基础，也是前提。同事之间，因轮岗、交流、调动等原因，相处是短暂的，要格外珍惜，要努力做一个热情的人，虚心向同事学习，热情为同事服务。在名利面前要谦让，在困难面前要争先。有一个好的人缘，工作才会开心愉快。现在社会，人变得都很现实，社会太复杂，所以我们在任何时候都不能失了心中的热情。其实任何人相处，都是相互的，你对他好，他自然也会对你好，这就是人们常说的“人敬我一尺，我敬人一丈”。待人就这样，相互坦诚，将心比心。

对人热情，首先你就得是一个对生活充满希望和热爱的人。如果你不热爱自己的生活，那就更不用说去爱周围的人了。工作中并不是尽职尽责完成任务就是最好，我们还要用热情让自己让身边的人享受工作的过程，这才是工作的最终目的。

作为一个职场人，你是喜欢接触整天沉着脸、闷闷不乐的人呢，还是喜欢接触快乐而热情的人呢？我想人人都喜欢充满热情的人，那么你自己也该成为热情的人，因为只有这样的人，别人才乐于接近你，你才有吸引力。

热情来源于内心对生活的热爱和良好的心态，它洋溢在你的眼睛里、你的谈话中。你心中对生活的热爱，对工作、对同事的热爱，会通过你的一言一行流露出来，不仅使自己精神振奋，还会感染别人、鼓舞别人。

人生活在大千世界之中，遇到困难是常有的事情，有时候单单依靠自己的力量不可能完成，所以热情助人就发挥了极大的作用，这是一个人的本能反应，为那些需要帮助的人提供帮助，对我们自己并没有什么损失。

一只新组装的小钟放在了两只旧的当中。两只旧钟“滴答”、“滴答”，一分一秒地走着。其中，一只旧钟对新来的小钟说：“来吧，你也该工作了，可是我有点儿担心，你走完了三千二百万次以后，恐怕便吃不消了。”

“天哪，三千二百万次。”小钟惊讶不已，“要我做这么大的事？办不到，办不到。”

另一只旧钟说：“别听他胡说八道。不用害怕，你只要每秒‘滴答’摆一下就行了。”

“天下哪有这样简单的事情。”新来的小钟将信将疑，“不过，如果真是这样，那我就试试吧。”

小钟每秒钟轻轻地“滴答”摆一下，不知不觉中，一年过去了，它摆了三千二百万次。

这个故事告诉我们，帮助别人不仅要有热情，还需要一定的方法，才能达到帮助的目的。在日常生活中，大多数人都有热情助人的高尚风格，但只有恰到好处，才能达到助人为乐、使别人摆脱困难的目的，否则会事与愿违。

热情是一种素质，更是一种性格，它源自我们对生活的热爱，对工作的激情。微笑是一种温暖，更是让人留下深刻记忆最好的语言。它源自我们对一切美好事物的内心体会。将二者结合并放置在一个环境中，热情的魅力与微笑的真诚便会在空气中弥漫、传播。

很多企业在招聘人的时候，第一眼就要看此人有没有热情，一个对自己都不够热情的人，是不可能取得好成绩的。热情的人可以给周围的人带来阳光般的温暖，能让身边的人也感受到他的热情。在现代企业中，一些生性冷漠的人被辞退，还不知道自己失去工作的原因。这是因为，有的企业主管认为冷漠的人会给身边的人带来压力，影响周围人的心情，所以他们都不愿意招聘生性冷漠的员工，即使他再有才华。

热情来源于一个人对生活的热爱。只有用积极的心态对待生活，让周围的人感受到自己的热情，你才有可能建立起良好的人际关系，为自我形象增加魅力。

2. 适时帮人，热心助人

乐于助人，是一种朴实的中国传统美德。每个人都有遇到困难的时候，那时最需要的就是别人的帮助。

尤其是职场人际关系，俗话说“得人心者得天下”，在职场中，融洽的人际关系往往能使事情事半功倍，甚至使你得到意外的升迁机会。在公司里，同事之间免不了互相帮忙，我们要以真诚的心去帮助他人走出困境，尽管这样会让我们花掉很多时间，也可能得不到任何好处，但使我们得到了好的心情，这是花钱买不来的东西。

如今已经飞黄腾达的小赵回忆自己初入职场时的情景说：“几年前的一个周末下午，同在一个写字楼内的某跨国公司的一位部门经理来到我们办公室问我：‘你们这有德语翻译吗？我希望有人能帮帮我，我手头有一些文件必须要今天翻译出来。否则将影响公司一个项目的签约。’”小赵回忆，会德语的同事本来就少，当时又是周末，同事都休息了，但恰巧自己熟悉德语，立即表示自己愿意留下来帮助他。“那个人非常着急，我正好下午也没什么事，就帮他把几十页的文件翻译出来了。做完工作后，对方十分感激，并问我要多少报酬。我开玩笑地回答：‘哦，这应该属于江湖救急吧，而且这工作本该由你自己完成，现在我就收你2000元，如果是我们公司找我翻译我肯定不会收费。’当时对方就想回办公室拿钱，我赶紧告诉他是跟他开玩笑，工作中谁没有点儿难处，而且都在一个大楼里工作，自己碰巧又能翻译，这点儿小忙没什么。”对方笑了笑，向小赵表示谢意。但出乎小赵意料的是，时隔一个月后，那位经理再次找到了小赵，交给他2000

元，还告诉他由于他的热心帮助，公司做成了一笔大买卖，而且公司领导对小赵的热心肠很赏识，并且邀请小赵到他的公司工作，薪水比现在高出 2000 元。

小赵在周末放弃了休息时间，帮助别人多做了一点儿事情，最初的想法仅是为了乐于助人，而丝毫没考虑经济利益。可以说，正是乐于助人的习惯，使他获得了更高的职场人气，得到了更好的发展机遇。

“今天如果不加班的话，工作是怎样也赶不完的！”假如有一位同事一边看表，一边叹气地说这些话时，你也许会说：“唉！真是够辛苦啦！要不要我来帮你忙啊！”若能对他这么说的话，那位加班同事的内心该会多么感激啊！今天我帮你忙，明天也许变成你帮我忙了，这种情形在工作上也是经常发生的。所以同事之间，在有困难之时应该彼此互助，形成一个“合作网”。有了这个合作网之后，当网内的任何一个同事必须加班时，就有可能有人主动站出来伸出手帮助他。但是，如果只管接受别人的服务，而不考虑帮助他人的话，这个合作网便马上会垮掉。因此，不要忘了“礼尚往来”这句话，这才是合作网得以形成并持续的秘诀。只有带着积极健康的心态去帮助别人，才能营造健康持久融洽的人际关系，才能与同事和睦相处，共同前进。

我们再来看一个例子。

我是一个乐于助人的人，经常帮别人做一些事情，时间久了，在我工作很繁忙的情况下，同事也会理直气壮地叫我去帮忙，认为那些事都是我分内的事，这是为什么呢？

这是一个乐于助人的职场人发出的求助信号，他觉得自己每天都处在一种忙碌中。太多的人需要他的帮助，同时又有太多的事情自己没有处理好。究其原因，是他在乐于助人的同时，没有把握好一个度。所以我们强调的是“适时帮人”。也就是说我们在帮助他人的时候，要注意做到恰到好处，雪中送炭比锦上添花要好。在帮助别人的时候，我们要观察当事人的意愿，不要做吃力不讨好的事。此外，还要把握好一个度，不要让自己的好心在同事眼里变成了理所当然的事情。那样会加重自己的工作负担，同时还容易得罪人。因为别人一旦把你的帮助看成理所当然的事，他会在任何时候都用吩咐的口气让你来替他做事情，如果哪天你没有办好，他就会对你不满意，会对你以前做的事情一概否定，这时，情谊不在，和谐不在。谁都需要休息，要是你没有停下来"喘息"和"加油"的时间，对本身的工作肯定有坏处，再说长久做"好人"，人家是不懂得珍惜的，你可能辛苦了自己，却吃力不讨好。所以说，热心帮助别人是好的，但既要有度，又要是别人真正所需的。这才是成功职场人所需具备的做人真本领。

3. 不管对谁都热情相待

同一个工作单位，甚至是同一办公室，大家要朝夕相处，而和平相处是工作中重要的一点，所以我们每一个人都要以热情的态度来对待身边的同事。有的人待人分层次：对领导随时笑脸相迎；对有水平、资格老的同事也是一脸笑意；对新人或是能力相对于自己较差的一些人则板着脸孔，一副不可一世的样子，让人望而生畏。这种人在遇到困难的时候，没有人愿意伸出手来帮助他；在升迁的时候，没有人想要他——没有哪个上司愿意要这种势利人做助手。作为同事，我们不管对谁都应一样热情，不论你是上司还是新人。古人云："三人行，必有我师。"每个人都有他的长处，有值得你学习的地方。不要因为别人比我强或是有求于人才露出笑脸，才表现出热情，这是一种虚伪，一种不让人接受的为人方式。我们要以一种平和、积极的心态对待身边的同事，如果能发现周围同事的兴趣和爱好所在，并努力让自己靠近，就会很快地拉近彼此的距离，这是获得好人缘的第一步。不要对同事们的爱好视而不见，同时也不要过于表现亲密以免失态。当同事遇到困难时，要真诚地伸出援助之手，提供一些力所能及的帮助，即使在此之前彼此存在过分歧，闹过矛盾，也要尽弃前嫌，拉同事一把 。这不仅体现了自己的大度与宽容，更会获得他人的尊重与敬佩。任何幸灾乐祸、落井下石的行为都是为人所不齿的。

莎拉是个业务员，她的工作是为强生公司招揽顾主。顾主中有一家是药品杂货店。每次她到这家店里去的时候，总要先跟柜台的营业员寒暄几句，然后才去见店主。

有一天，她到这家杂货店去，店主突然告诉她今后不用再来了。因为店主不想再买强生公司的产品，因为强生公司的许多活动，都是针对食品市场和廉价商店而设计的，对小药品杂货店没有好处。于是，莎拉只好离开该店。

莎拉开着车子在镇上转了很久，始终想不明白，最后决定再回到店里，把情况说清楚。走进店里的时候，莎拉照常和柜台营业员打过招呼，然后到里面去见店主。见到她，店主很高兴，笑着欢迎她回来，并且比平常多订了一倍的货。

莎拉十分惊讶，不明白自己离开店后发生了什么事。店主指着柜台上一个卖饮料的男孩说："你该谢谢他！在你离开店铺以后，卖饮料的男孩走过来告诉我，说你是到店里来的推销员中唯一会同他打招呼的人。"

店主接着说："他告诉我，如果有什么人值得做生意的话，就应该是你。我同意他的看法。"

从此，这家店成了莎拉最好的顾主。莎拉激动地说："我永远不会忘记，对每一个人都热情是我们必须具备的素质。"

在希腊词源上，"热情"这个词意味着"上帝就在我们中间"。可见，只要有热情，就能得到上帝的眷顾。就像莎拉一样，尽管店主通知她不用来了，她还是热情地和卖饮料的男孩打招呼，还是和柜台上的营业员聊上几句，并没有把心中的郁闷传染给别人，也没有因为下一单生意可能做不成而失掉心中的热情，这是她的习惯、她的品质，也是她再次挽救自己生意的法宝。

可能在很多人看来，莎拉只要对店主热情，笑脸相迎，就能把生意做好，其他不相干的人，不用去理会，更不用把自己的热情浪费到他们身上。莎拉却没有这样做，她对身边的人都是一样的热情相待，正是这种做法，让店主改变了主意。

同一个公司，同一个办公室，每个人都有自己的个性，有的人的行为或许我们不能苟同，但我们不能因为某一个人的性格与自己不合或是某一个人的能力强于自己便对他心存芥蒂。我们要做到不管对谁都热情相待，这包括同事、上司、客户，甚至是来访的客人。因为你的热情，你的上司会欣赏你，同事会喜欢你，客户会相信你，这些都是你从中获得的好处。相反，如果你对部分人热情有加，对部分人冷眼相看的话，说不定哪天你会因为自己的行为而后悔不已。

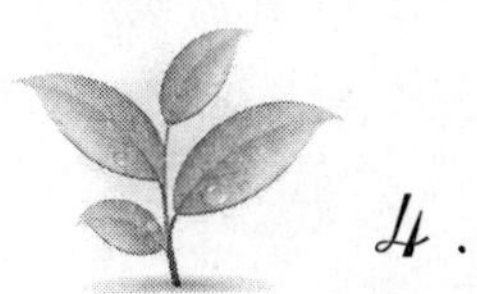

4. 与人沟通要以和为贵

在中国的处世哲学中，中庸之道被奉为经典之道，中庸之道的精华之处就是以和为贵。同事作为你工作中的伙伴，与他们难免有利益上或其他方面的冲突，处理这些矛盾时，你第一个想到的解决方法应该是和解。毕竟，同处一个屋檐下，抬头不见低头见，如果让任何一个人破坏了你的心情，说不定将来吃亏的是你，而不是别人。与同事和睦相处，在上司眼中，你的分量将会又上一个台阶，因为人际关系的和谐处理不仅仅是生存的需要，更是工作上、生活上的需要。和气才能共处，才能打造一个和谐团体，一起为公司效力。

有研究表明，每个人都有强烈的获得友爱和受到尊敬的欲望。由此可知，爱面子的确是人们的一大共性。在工作上，如果你不小心，很可能在不经意间说出令同事尴尬的话，表面上他也许只是脸面上有些过意不去，但其心里可能已受到严重的挫伤，以后对方也许就会因感到自尊心受到了伤害而拒绝与你交往，所以，在与同事沟通中，我们一定要慎言，千万不能随意就说出让别人难堪的话，以免伤了和气，也失了信任。

小丽一大早来上班就发现昨天电脑里的文件不存在了，修复了好半天也没找到，心里很是窝火，心想，一定是同事小慧昨天用自己的电脑时把文件删除了。于是，小丽一见到小慧就很不客气地问："你为什么把我的文件给删除了？是不是见我最近表现比你好，心里不舒服啊？"小慧一头雾水，不知道自己哪里得罪了平时关系不错的小丽，但见小丽气势汹汹的样子，心里的气也就不打一处来，俩人一时争得面红耳赤，不相上下。最后闹到了经理那儿，经过经理调查，其实是另一名同事用了小丽的电脑，把文件拷走后才删除的——文件并没有丢，只是换了个地方。

小丽平时和小慧关系很不错，相互也很照顾。没想到一点儿小事让她们俩从此成为陌路。小丽知道，这件事情是她不对，冤枉了小慧，但心里又不好意思说出口。而小慧呢，心里更是气，平时与小丽关系那么好，居然还当着那么多人的面来诽谤自己，把她当成什么人了？于是，她也就懒得再与小丽续好了。

可见，与人沟通言语是十分重要的。哪怕只是一点点小事，如果言语表达不对，会惹怒对方，会让两个关系本来不错的同事闹成僵局，这样不仅不利于两人以后相处，也不利于工作中的合作。所以，当我们与人沟通时，一定要以和为贵，不要一开口就恶语伤人，哪怕心中有气，也要压制心中的“火”，和言善语地与别人沟通。

同事与你在一个单位中工作，彼此之间免不了会有各种鸡毛蒜皮的事情发生，各人的性格、脾气禀性、优点和缺点也暴露得比较明显，尤其每个人行为上的缺点和性格上的弱点暴露得多了，会引出各种各样的瓜葛、冲突。这种瓜葛和冲突有些是表面的，有些是背地里的，有些是公开的，有些是隐蔽的，种种的不愉快交织在一起，便会引发各种矛盾。但是同事之间有了矛盾，仍然可以来往。彼此之间有矛盾没关系，只求双方在工作中能合作就行了。由于工作本身涉及到双方的共同利益，彼此间合作如何，事情成功与否，都与双方有关。如果对方是一个聪明人，他自然会想到这一点，这样，他也会努力与你合作。如果对方执迷不悟，你不妨在合作中或共事中向他点明这一点，以利于相互之间的合作。

同事之间有矛盾并不可怕，只要我们能够面对现实，积极采取措施去化解矛盾，同事之间仍会和好如初，甚至比以前的关系更好。如果你确实做了一些错事并遭到指责，那么你要重新审视那个问题并要真诚地道歉。类似“这是我的错”这种话是可能创造奇迹的。

在办公室与人沟通一定要和气、友善，对于级别比你低的人，也不能用命令的口气与他说话。虽然有时候，大家意见不能够统一，但意见可以保留，特别对于那些原则性不是很强的问题，没有必要争得你死我活，如果你一味逞强，会让同事们对你敬而远之，自己受到孤立。

在职场上，同事之间经常地开玩笑特别是善意的玩笑都会增加彼此之间的感情，从而缓和工作上的压力，保持一个和谐的环境。但如果你和同事开了一些过度的玩笑，那只会给自己造成不必要的麻烦，而且会危及你在单位的地位。

总之，不论是同事、朋友、合作伙伴，还是其他人，与他们沟通时一定要以和为贵，哪怕有一时的争执，也不用逞强到舌战到底，没有人能清楚明白地说出谁对谁错，只要我们真诚地表达出自己的意思，表现出我们想要以和为贵的真心，我想，没有人一定要和你作对、视你为敌。

5.

多说赞美话，少说批评语

同事之间相处久了，就会忽略对方的优点，反倒对对方的缺点很敏感。这是使工作陷入困境的原因之一。其实，一句由衷的赞美或一句得体的建议，都会让同事感觉到你对他的重视，无形中增加对你的好感，很多时候，在我们付出了辛勤和复杂的劳动完成工作后，更是期待别人的注意和赞赏 。如果我们付出了大量的劳动完成手中的工作后，得到的却是别人的批评与指责 ，那么，我们的工作热情也会一落千丈。

从心理学的角度来说，赞美也是一种有效的交往技巧，能有效地缩短人与人之间的心理距离。另外，在被赞美时心理上会产生一种行为塑造，我们会试图把自己塑造成具有某种优点的人，并且，这种塑造有心理强化作用，会不断鼓励自己向着某个好的方向发展，真正具备人们口中的某些优点。在这种自我塑造的过程中，我们产生了一种不断前行的动力。赞美他人，是我们在日常沟通中常常碰到的情况，要建立良好的人际关系，恰当的赞美别人是必不可少的。事实上，每个人都希望自己的工作得到别人的赞美。

当然，赞美也是有原则的，不然，就成了阿谀奉承。带有情感体验的赞美才是最真实的赞美，因为它既能体现人际交往中的互动关系，又能表达出自己内心的美好感受，对方也能够感受到你对他的真诚。

犹太人有一句谚语："唯有赞美别人的人，才是真正值得赞美的人。"渴望被人赏识被人认可是人最基本的天性，赞美别人，认可别人也是职场上有效沟通、屡试不爽的技巧之一。学会发自内心地赞美别人，用赞美来替代对别人的批评和挖苦，你的人际关系会变得更加融洽。

某公司的总经理在抓好公司业务的同时，结合自己工作实践撰写了一本《经商之道》的书稿。部门经理这样称赞道："您在企业工作真是一个错误的选择，如果您专门研究经营管理，我相信您一定会成为商务管理的专家，会有更加突出的成果问世。"

总经理听完部门经理的一席话，不满地说："你的意思是说我不适合做公司的总经理，只有另谋他职了？"见总经理产生了误解，本来想给总经理"戴高帽"的部门经理吓得头冒虚汗，连忙解释说："不，不，不，我不是这个意思，我是说……"

还是秘书过来替部门经理解了围，她说道："部门经理意思是说您是个多才多艺的人，不仅本职工作抓得好，其他方面也非常出色。"

可见称赞也得有方法和技巧，如果称赞领导不恰当，反而会弄巧成拙，只落下一个"溜须拍马"的坏印象。称赞一个人，当然是因为他有出色的表现，但每个人在哪一方面出色却各有不同。有的人是专业技术水平高，工作成绩突出，而有的人则在社交方面有特长，有与客户打交道的能力。

Peter是留美的博士，在国外也有工作经验，高学历加上高能力，让他成为很多企业争相聘请的人才。选择了一番，Peter进入了一家著名的国企，设想自己可以大干一场。可是，过了一阵子，他竟然倍遭冷遇，在单位沦落到几乎无事可做的地步。这是他30多年的人生经验中从没有过的，搞得一向自信的他十分崩溃！

原来，Peter虽然能干，却有一个致命弱点，就是说话太直！当他看到别人的问题时，每次都是直言不讳地指出批评，对下属如此，对平级的人，甚至领导也是如此！下属对于领导的批评自然会及时改正，同级的同事可就不这么认为了，觉得Peter爱出风头，喜欢贬低别人抬高自己。虽然Peter说得都对，同级的同事也会按他的提醒进行改进，但是内心都很不满，背地里对Peter 意见很大。

我们可以想象 Peter 以后在公司的前程是比较暗淡了。他不仅得罪了下属，还得罪了平级甚至上司。我们不否认任何人都有缺点，也都有出错的时候，但是，在同样的情况下，赞美总是比批评让人容易接受。如果你首先赞美一下别人的态度或者成绩，再指出其间的不足，或许，结果就会完全不同。

如果你是领导，下属确实有过失，批评几句倒也无可厚非。但有的人偏偏不是领导，别人也不是下属，可他就是喜欢摆架子以领导的口气来批评别人的不是。这样显得有点抬高自己，同事当然会不服气，于是，矛盾随之而来。还有的人倒也不是想尝尝批评人的滋味，只是生活中习惯了高高在上的口气，一时改不了。这种人日子一久，便会尝到苦头，同事渐渐都会远离他，不与他亲近。

如果你想成为职场受欢迎的人，如果你想很快融入企业这个大家庭，就一定要掌握赞美这个独特的与人沟通的方法，因为赞美在任何情况下都比批评招人喜爱。

6. 说真话也得看对象，不可直言直语

直言直语是一个人致命的弱点，因为喜欢直言直语的人常常只看到现象或表面，也只考虑到自己的“不吐不快”，而不考虑别人的立场、观念、性格和感受。所以直言直语不论是对人或对事，都会让人受不了，于是人际关系就出现了问题，同事们都离你远远的，生怕一不小心被你的直言直语灼伤。

在公司的一次聚会中，赵先生看到一位女同事穿了一件紧身的新装，与她的胖身材很不相称，赵先生便直言直语道："说实话，你的这件衣服虽然很漂亮，但穿在你身上就像给水桶包上了艳丽的布，因为你实在太胖了！"

女同事瞪了赵先生一眼，生气地走开了，从此再也没有理过他。其实，赵先生也不是什么坏人。他为人非常热情，别人有个大事小情，他都会帮忙。可是，就是那张嘴害了他。和他同时进公司的人，不是有了更重要的职位，就是成了他的顶头上司，只有他还在那儿原地踏步呢。赵先生也知道是怎么回事，可就是管不住自己的嘴巴。

赵先生的话也没什么错，但想想大庭广众之下，谁愿意别人揭自己的短呀。

直率的语言犹如一把利剑，在伤害别人的同时，也会刺伤自己。任何一种意思都可以含蓄隐晦地表达，与朋友说话时，言语不可太直，否则会招惹对方不快。委婉地表达自己的意思，就有可能收到所期望达到的效果。

人们曾把快言快语、直来直去当作人性中一种很美好的品质。因为别人的直言直语，让人们一下就能知道什么是美丑，什么是是非，什么是好坏。然而，在职场中，直言直语却是个大忌。有些话不能直说，这已经是不成文的办公室"潜规则"。有的人很难适应由"直"到"曲"的过程，但要认识到"曲"的存在有很多合理性。比如上司意图不明确说出，可能是想考验一下下属独立判断和解决问题的能力。而在同事相处中，说话隐晦一点儿既能给自己留有更多余地，也能避免直接冲突。所以，即使是很熟悉的同事，也要多观察、多揣摩对方的神态、语气，明白对方"潜台词"，甚至是"口是心非"的表达。况且同事之间大家都是处在同一级别上，因而与同事进行沟通时，一定要记住绕个弯。能不讲的就不要讲，要讲的迂回着讲，点到为止，这样，既提醒了别人，也照顾到了人际关系。

刘莹是某公司的报关员，是一个聪明伶俐的女孩子，工作相当努力。有一次领导穿了一身新衣服来上班，灰西装、灰裤子、灰衬衣、灰领带。刘莹看见了，夸张地大嚷："头头，今天穿新衣服啦！"领导听了抿嘴一笑，还没来得及高兴，刘莹又接着说了一句："就跟灰耗子似的"，领导脸色立刻沉了下来。

又有一次，客户到公司来找领导签字，连连夸奖："您的签名可真是气派啊。"这个时候，刘莹正好走进办公室，听见之后哈哈大笑："能不气派吗？我们领导都练了好几个月了。"刘莹这句话刚说完，领导和客户的脸瞬间就僵了，尴尬的气氛化都化不开。除了对领导没大没小，说话没有顾忌，刘莹与同事的相处也很随便，但凡是看着哪个同事好脾气，她就会对着别人指东喝西，吆喝别人给自己做事。在称呼上也是张口就来，在叫比自己资深的前辈的时候，还一概在对方的姓氏前边加个"小"字，也不考虑这样是否尊重别人。几年下来，刘莹业绩倒是不错，领导对她却毫无升职加薪的意思。

在职场上，不受人待见的人往往有着"说话太直"的"毛病"。他们不自觉地热衷于挑刺，被认为是"没有口德"的人，很容易引起别人的反感。说谎不是好事，但是太过直率也不一定会让人舒坦。直率表达工作中的疑问是对的，但是对人来说直言直语却不一定有好结果。说话真实很有必要，但也需要为自己的话语穿上婉转而真诚的"外衣"。

在工作场合中，对别人的称呼是你对他人尊重程度的反映。称呼得体，能够让别人对你产生好感，反之，则会让人对你退避三舍。很多人都以为只要和领导像朋友一样地相处，就会有更多的升迁机会。其实这是一种错误的观念。不管什么时候，领导就是领导，就算私下里他跟你谈得来，在公事上也是容不得一点儿马虎的。即便你跟领导的关系很密切，也不表示领导和你之间就没有距离。

在职场，一个优秀成熟的员工都应该懂得自己与领导之间的差别。尽管你有可能被领导欣赏，尽管你有可能是领导的手下大将，但是别忘了，你们在公司内是领导与被领导的关系，而不是可以互相调笑的朋友关系。

在职场上，“说话”是一种艺术。很多时候，有些人吃亏就是因为没能管住自己的嘴巴。说话爱揭别人的“短儿”。讲真话也要讲究方式方法的，毕竟语言交流涵义相当丰富，而且听者思考问题的方式方法也不尽相同，产生的结果可能完全不一样。换种方式说并不是让你说假话，是要说得好听一点，委婉一些。语言得体也是一个人头脑睿智、有修养的具体体现。

7. 沉默是金，多一言不如少一语

我们曾见过许多初入职场的人，一进办公室就开始不停地发言，或是上班路上的见闻，或是今天早上电视里的新闻，或是公司里谁谁怎么样，反正就是有说不完的新鲜话题，来跟同事套近乎。一开始，办公室里气氛还不错，大家听着也觉得新鲜，可是渐渐地，人们都不太理会了，有的甚至公开表示反感。这时，这位自以为可以拉拢同事的新人才明白，说话太多，也会惹人烦。而这时，自己已经养成一个“大嘴”的习惯，想闭口已经不容易。开口可以是一时冲动，闭嘴却需要意志力来控制。沉默是金，有时候沉默不仅能逢凶化吉，还能换来平步青云。

如果你被人误解，又不想争辩，那么你可以选择沉默。因为这个世界本来就不是所有的人都得了解你，所以你也不必对全世界喊话。

在职场里，有些人明明做了很多，却不懂表现，以至于没人知道，甚至功劳被人抢走，这种人就算累得半死，也是不会有半分功劳的，因为上司压根看不见他的付出。而另一些人，事情还没做，就先说得天下人皆知，于是不管他们能不能做成，有没有做，都成了领导眼里的红人。这又不得不让人怀疑沉默的代价。其实沉默与开口，说话与做事，既要分场合又要适度。一个人过于沉默，不利于沟通，不利于工作。同样，一个人言语多于行动，会让人觉得这个人只有一张嘴，别无长处。

所以，我们选择沉默并不是我们妥协，也不是服输，而是一种风度，一种修养。沉默的时机并不是固定的，它可以出现在谈话的开始、中间，也可以出现在谈话的最后时刻，总的原则就是“避其锋芒”，观察对方有多急切地想表达观点，让对方说够，也给自己充足的时间倾听和思考，给对方制造一种被尊重的感觉，也让自己保持成竹在胸、沉着冷静的姿态。当然，凡事要有度，若是沉默时间过长，让双方都觉得有些尴尬了，则要赶快找些话题，打破僵局。

沉默有时候也不完全指不说话，而是少说话。因为少说话没坏处。从无数的经验教训来看，不该说的不说，想说的也尽量不说，是一种非常高明的技术性手段。很多人熟谙此道并且驾轻就熟，也因此飞黄腾达。不懂沉默的人，必然难以倾听。一位哲人曾半开玩笑地说“自然赋予我们人类一张嘴、两只耳朵，就是让我们多听少说”。适当保持沉默有时比激情的演说更有威慑力，生活中沉默后的发言更容易得到别人重视的例子并不少见。

一个三岁小孩，刚上幼儿园，老师就教了几句英语。一次聚会上，母亲为了显示自己孩子聪明，便叫孩子当着众人说几个英语单词。于是，孩子便说了两个：香蕉——apple 、苹果——banana。席间大都是全然不懂得英语的人，因为不懂，也就都不作声。这时有一个人见大家都不作声，觉得有些尴尬，连忙出来圆场，对小孩说：“哇，你好棒呀，居然知道香蕉是 apple，苹果是 banana，边说边连连拍手，孩子倒是一脸笑，母亲脸色却是红一阵白一阵。

显然，这个人是多嘴了。在中国，不懂英语也算不上很丢人的事。特别是年龄比较长一些的，那个年代没有机会、没有条件学习英语的人大有人在。但是，不懂也就罢了，用别人的错误来夸奖别人，这无疑是一种讽刺，是别人不能接受的。虽然这个人并不是存心给别人难堪，但这个时候，如果选择沉默，会是很明智的做法。多此一言，远远赶不上别人的少一语。在很多特定的环境或是特定的时期，沉默是最好的处事方式。很多时候的很多事，不是谁想怎样就能怎样的，有许多客观和主观的因素影响着事态的发展。对未经证实的言论最好不要评说，放在肚子里，对自己负责也是对别人的尊重。

职场是一大锅聚齐五味的汤，复杂而难以调理众人口味。处理好复杂关系的捷径是多看、多听、多干、少说。在各种利益冲突中超脱一点，肯让、能让、善让，不要斤斤计较，心机太重。特别是新入职场的大学毕业生，更应该克服在大学生活时的慵懒松散现象，要向同事或者领导展示自己的青春与朝气。许多"新兵"都说不知道从何处入手融入同事。其实，你只要做个有心人，从最基本的打扫卫生、整理文件、接听电话做起，为领导或者其他同事做些辅助性工作，比方说打印材料、填写一些简单表格等，就是很好的表现。此外，别人都推脱不干的事，要主动接过来做，这样就容易融入同事圈中，得到领导或者同事的赏识。

在职场，会"做"的人永远比会"说"的人受欢迎，因为职场上我们除了要有一张能说会道的嘴，关键还是要把事情做到位，做实事，把工作做到最好，才是我们的主要目的和任务。

8.

管住自己的嘴，别让话语伤害人

身在职场最重要的是管住自己的嘴，要懂得在什么场合应该说什么场面话，要懂得什么话可以说而什么话绝对不可以说，尤其是某些职场禁语还是应该牢记在心，不可随处言语。

很多人都不喜欢太会炫耀自己的人，甚至是比较讨厌。如果你属于那种喜欢炫耀自己的人，就要时时刻刻提醒自己，在说话之前想一想，自己说出这句话人家听了会不会不舒服。在同事面前，在不确定是对是错的时候，我们宁可少说几句，也不要不经大脑随便乱说。平时多听听人家是怎么说话的，学着些。总的来说，不要太出头、太自以为是，给人家留点儿余地，尊重别人是最基本的。不能以一句“我没坏心”就把伤害别人的错误抹掉，让自己变得很无辜。

有一个人感到胸部不适，直咳嗽，而且有点儿呼吸困难，吃药也无多大改变，随即住进大医院接受检查。结果诊断出是一个快速发展的恶性肿瘤，医师预测他只剩下一两个月的寿命。这个让人难以接受的消息，震撼了家人，病人得知这个消息后，觉得病情开始恶化，他感到非常虚弱，体重迅速下降，开始无法离床。家人都认为，他能够度过这个星期已经属于幸运。

没想到这时候，医院打来电话，一个带着歉意的声音告诉这个人，他根本没有得癌症，是医院报告弄混了。获知实情后，这个人在二十四小时内立即离床，他的食欲恢复，疼痛也消失了，而且行动自如，之前的衰弱完全不见了，留下的只是刚开始的症状——咳嗽与呼吸困难。

这只是医院的一个错误，并没有人刻意地要与病人开这种要命的玩笑，差点儿就断送了他的生命。可见，言语伤人的程度有时候比利剑还厉害。

我们的每个思想和意念都有着不可思议的能量，这些能量会透过各种形式产生作用。你的思想会创造出疾病，也能治好疾病；你的思想能让人陷入痛苦，也能让人离苦得乐。思想创造出善与恶、美与丑、成功与失败、富有与贫穷、天堂与地狱……你生命经历的种种，通通都受到你的思想的影响。生活是由小事组成的，平时没什么大事，但小事累积起来就成了大事。一个小小的善念也许看起来没什么，如果成熟了就变成了福报。

每个人都有自己的活法和行事方式。可能你对某些同事的能力看不上，又或者你对某些同事的为人处世看不惯，但是谁又能保证自己的一切都是正确的呢？如果你觉得这样的同事值得你去帮助，那你中肯地提出来，别人能接受的，能提高的，他会感谢你，如果你觉得这样的人不值得你去沟通，大可以不去管他，安心做好自己的事情就好。不必因为你看不惯或瞧不起就去恶语伤人，到头来对谁都没有好处。

在职场圈子里，各种性格、能力的人我们都要与其打交道。或许有人做得很好，或许有人做得不好，也包括我们自己在内。谁对多错少，谁错少对多，总也没有一个公正的衡量标准，也就不必太去计较。如果总看别人的缺点，自己只会沾沾自喜，无法进步。要想努力提高自己，不能只看别人的缺点，更多的是学习别人的长处，从别人的长处中发现自己的短处，从点滴开始，使自己进步。

你也许不断地会有这样的困惑：自己工作非常地卖力，工作能力也不比别人差，兢兢业业地熬了许多年，但总是不被领导注意和赏识，在同事之间要找到一两个可以放心说句心里话的人都十分困难。于是在工作中经常性地倍感孤立与不顺，久而久之就难免开始怨天尤人、灰心丧气起来，大有怀才不遇、命运不济的慨叹。

事实上，也许并非是领导看不起你，同事信不过你，毛病没准儿就出在你与他们说话中。当然，相信不是你不想做得上下同心、左右逢源，只是过于忽视了人与人之间的交流、同事与同事之间的沟通技巧和沟通的重要性，有时候得罪了别人自己还不知道，所以自然是常感力不从心、事倍功半了。

说来说去，我们所说的还是一句话：任何人都无权用恶语来伤害别人。有些人，当他们站在弱者面前时，却认为自己拥有这种权力，毫无顾忌地指责批评他人，甚至呵斥、羞辱、攻击他人，以此为乐。这种人能得到什么呢？除了获得一时之快和人际关系的恶化、自取其辱外，什么也得不到。更糟糕的是，被羞辱的人还可能奋起反击，羞辱的人不但得不到什么，还会自取其祸。身处职场，我想任何人都不希望这种事情发生在自己身上，那么，我们就要管住自己的嘴，别让自己的不经意伤害别人，也伤害自己。

9.

客套也要恰当才能利于沟通

工作中我们在与人合作、交谈、处事时，客套话是必不可少的。恰到好处的客套能打破尴尬的气氛，消除敌意，使我们和对方的关系迅速拉近。因为有了客套话的帮助，我们的说服对象会放下戒备心，冷漠的表情会逐渐缓和，凝固沉重的空气也变得轻松起来。但是客套话本身带有一定讨好的意味，过分的客套会引起对方反感。说客套话的时候，我们的态度应该诚恳、热情、不卑不亢，让对方既不觉得虚伪，也不觉得我们的态度过于卑微和谄媚。客套话是我们日常工作和生活中的礼貌用语，恰当地运用客套话，一方面能体现我们的涵养，树立良好的个人形象，另一方面能让对方感觉自己受到尊重，从而产生愉快的心理，促使人际交流顺利进行。

客套是语言艺术中的一种，规范的解释是“礼貌用语”。在职场，客套的作用不容忽视，客套包含着客气、谦卑，能处处显示出对别人的尊重；客套还显示出我们的平和与内敛。但如果我们把握不好客套的“度”，就会适得其反，就会把本来很顺利的事情办砸。

经过一个月的培训，麦克学习了部分销售的知识。今天是麦克走上营销岗位的第一天，他将去拜访他有生以来的第一位客户。在培训当中，麦克知道见到客户一定要有礼貌，为了增加与客户之间的亲密感，一定要说一些场面上的客套话。经过周密的准备，他敲响了客户的门。

“请问您找谁？”一个中年男子开了门。

麦克彬彬有礼地回答道：“请问您是安德森先生吗？我是麦克，很高兴认识您。”说着，麦克伸出了手。主人礼节性地握了握手，又问道：“认识你我也很高兴，但是你找我有什么事呢？”

“冒昧地打搅，真是不好意思，占用了您的休息时间，也非常过意不去。您可以原谅我吗？”

“噢，没关系。您有何贵干？”

麦克从开着的门看了一眼屋内的摆设，故意夸奖说：“看您屋内的摆设，就知道您是一个会生活的人，我说得没错吧？”

“谢谢你的夸奖，但是你究竟有什么事？”主人有些不耐烦了，屋内热水壶也鸣叫起来，告诉他水烧开了。

“嗯，再一次谢谢您能够抽出时间来跟我说这么多的话，我真的很感激。事实上，我还想再耽误您一点儿时间，来说说……”

“够了！”主人焦躁地说，“你已经耽误我够多的时间了！”接着，门就被“砰”的一声关上了。麦克目瞪口呆，不明白这是怎么一回事，难道是因为自己对客户还不够礼貌吗？

客套话说得还不够多吗？事实上恰恰相反，麦克的失败就在于他认为客套才是拉近关系的唯一方法，忽视了因过度客套而带来的反面作用。有人片面地认为，多说客套话只有好处，没有坏处。实际上并不是这样。客套虽然一方面能让不熟悉和不那么亲近的人感受到你的礼节和敬意，另一方面如果过于客套，那就是在有意拉大你们之间的距离，因此过度客套反而阻碍了朋友间的善意和坦诚的交流。

在交谈中，客套话能起到调剂的作用就可以了，绝不要让客套话占据了对话的主要内容，而说话的主题却被忽略。因此，说客套话的时机绝对不在那些正式庄重的场合，而是在这些场合的边缘，这样的机会主要有两个：第一个机会是刚刚见面的时候，必要的客套话可以作为即将展开对话的踏脚石，和对方拉近感情，给对方留下比较好的印象，因此不妨多说几句；第二个机会是正式的活动和仪式结束的时候，人们严肃紧绷的心理松懈下来，这时候是说客套话的好时机。

客套话是表示你对对方的恭敬或感激，不是用来敷衍人的，所以要适可而止，多说就流于迂腐，流于虚伪。

小王在上海某大饭店里做服务员。著名美籍华裔舞蹈家孟先生第一次到该饭店，这位服务员向他微笑致意："您好！欢迎您光临我们酒店。"第二次来店，这位服务员认出他来，边行礼边说："孟先生，欢迎您再次到来，我们经理有安排，请上楼。"随即陪同孟先生上了楼。时隔数日，当孟先生第三次踏入酒店时，这位服务员脱口而出："欢迎您又一次光临。"孟先生十分高兴地称赞这位服务员："不呆板。"

这位服务员之所以会受到如此表扬，并不是因为学鹦鹉，见客人只会一声"欢迎光临"，而是能根据交际情境的变化运用不同的客套话，因此表现出他对工作的热爱和说话的艺术。

恰当的客套不仅能让双方感受到愉悦，还能促进工作效率。也许就在你适当客套的同时，别人大笔一挥，与你签下你曾梦想的大单。也许因为你的恰当客套，把本来心情不好的听者逗得满脸堆笑，于是，你们的合作有了新的进展……这些都是职场不难碰到的事情。所以，客套在职场是必不可少的，同时，又是相当要求技巧的，因为我们必须要把握好尺度，才能完美地发挥客套在职场中的作用。

10.

不仅要会说，还要善于听

当你在和一个人说话的时候，他是在洗耳恭听，还是常常打断你的谈话，或者不停地做其他的事情？如果是后者，你会喜欢他吗？很显然，不会。如果一个人不管到了什么地方，在什么场合，都是滔滔不绝，急于发表自己的意见和见解，不肯给别人说话的机会，那么他一定不会招人喜欢，也将注定无法积累更多的人脉。

我们知道，人们往往对自己的事更感兴趣，对自己的问题更关注，更喜欢自我表现，一旦有人专心倾听我们谈论自己时，我们就会感受到自己被重视。

一位顾客在一家商店购买了一套西服，由于掉颜色的问题，要求退货，而售货员坚持说是顾客自己的问题，所以两个人就争执起来。后来争吵声引来了商店经理，售货员想向经理解释，但被经理制止了。

经理走到顾客面前，向他表示了真诚的道歉，然后又请他在旁边的沙发上坐下来，把具体的情况说一下。经理诚恳地静静听完顾客的抱怨和发泄，等顾客说完，他才让售货员说话。

当彻底了解清楚争吵的来龙去脉后，经理真诚地对顾客说："真是万分抱歉，我不知道这种西服会掉颜色。现在怎么处理，本店完全听从您的意见。”

顾客说：“那么，你知道有什么法子可以防止西服掉颜色吗？”

经理问：“能否请您试穿一周，然后再做决定？如果到时候您还不满意，那么我们无条件让您退货，好吗？”结果，顾客穿了一周后，西服果然没有再掉颜色。

这位经理就是有效地利用了倾听这一技巧，使得原本剑拔弩张的气氛缓和下来，并最终轻松地解决了问题。

“倾听”是一个内涵丰富的词汇，绝对不是一个简单的听与不听的问题。倾听的一层涵义是聆听，不仅如此，还要有所反应，并非都用语言，还要借助表情，所有这些都会使对方谈兴大增。

如果你要见的人是一个非常重要的人物，而且又是第一次见面的话，倾听就更为重要。因为你在全神贯注倾听的同时，会全力调动自己的所有知识、经验储备及感情，使大脑处于高度紧张的状态。当他接受到聆听的信号以后，会立即运用自己已有的知识、经验，进行识别、归类、解码，并做出自己的态度反应，让自己掌握谈话的主动权。

这种积极的倾听，既有对语言信息的反馈，又有对非语言信息的反馈。当一个人听了一番思想活跃、观点新颖、信息量大的谈话后，听者的感觉常常比说者要疲劳得多，这是因为听者在听的过程中要不断地调整自己的分析系统，修正自己的理解，以便达到与说话人同步思维。所以你的倾听给了对方一个满足自我的机会，让你们彼此拉近了距离，从陌生变得亲切。

与人交谈，如果没有用心去听，很快会惹来朋友的不快，以至让对方拂袖而去。职场上更是如此，如果你不具备“听”的能力，你会很快被同事们扔到一边。

人们一致认为，善于倾听的人，别人欢迎，自己长智。积极倾听的人把自己的全部精力，包括具体的知觉、态度、信仰、感情以及直觉，都或多或少地投入到听的活动中去，从而集思广益。

有一次卡耐基在格林柏先生举办的餐会上，认识了一位植物学家，以往卡耐基从来就不认得一个学植物学的人，未料才跟他寒暄几句，立即发现此人所学甚精，谈吐高雅，告诉了卡耐基许多有关园艺方面的知识，并帮助卡耐基解决了不少这方面的困惑。

当天同桌用餐的宾客，至少也有十几个人，但卡耐基却顾不得礼貌，跟这位植物学家聊了好几个小时。直到将近午夜，卡耐基才向所有宾客与主人告辞准备离去。临行前卡耐基还听到那位植物学家当着主人的面，夸了他好几句，说他很健谈，很有知识和见地，说跟他谈话，不仅轻松愉快，而且受益匪浅。但事实上卡耐基在跟这位植物学家谈话的几个小时里，根本就没开几次口，大部分时间全是在听这位植物学家一个人说。卡耐基对植物学一窍不通，哪有可能轮到他插嘴。

但这位植物学家会如此夸卡耐基，不外乎是卡耐基从头至尾都兴趣盎然地聆听他的演说，而他也明显地感觉到卡耐基真的是十分投入，所以他当然会感到很愉快。专注地聆听，所意味的正是一种不假言辞的赞美，它所带给人的满足与喜悦绝非其他的赠与所能相提并论的。

卡耐基之所以能成功，善于聆听是不可缺少的因素。因为善于聆听，取得了对方的信任和好感；因为善于聆听，得到了别人的帮助；因为善于聆听，多了无数的合作伙伴。所以，卡耐基说："专心听别人讲话的态度，是我们所能给予别人的最大赞美。"

倾听是一种修养，我们应该学会用与人为善、谦虚谨慎的姿态去倾听他人的想法；倾听是一种收获，我们应该用求之若渴的态度去倾听他人的经验和心得；倾听是一种美德，我们应该用关怀和包容去倾听他人的唠叨和抱怨；倾听是一种和谐，它减少了人与人之间的隔阂，拉近了彼此的距离……对于初入职场的人来说，不会不懂的东西太多，倾听也就显得更加重要，只有善于倾听，善于学习，才能在职场一展风姿。

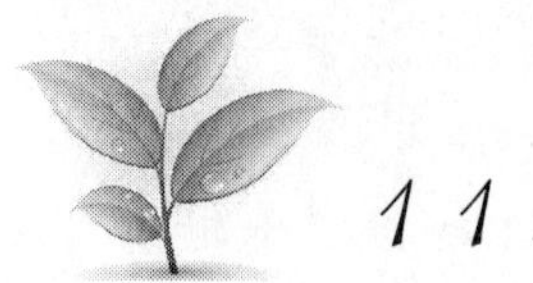

11.

不妨多点机智和幽默

我国文学大师林语堂曾说："幽默本是人生一部分。"由此可见，幽默对于人生有着很重要的意义。幽默具有把人带出尴尬境地、引发笑场、化干戈为玉帛的特殊功能。相信每个人都有这样的体会：和幽默风趣的人相处，会觉得非常轻松愉快，气氛融洽。相反，和一个不苟言笑、缺乏幽默感的人相处，则会觉得乏味，气氛沉重。这也就是幽默派的人更受大家喜欢的原因。

不管是初与人交往，还是平时与人交谈，幽默往往可以缓解紧张或是尴尬的气氛，促进彼此之间的融洽与和谐。在人际交往中，幽默往往可以起到催化作用。职场中，有些人严肃谨慎，对任何人都紧绷着一张脸，其结果是，周围的人越来越少，而有的人则总能以诙谐的语言让与之交往的人笑声不断。有的人总是不解：职场不就是一个严肃的场合吗？为什么严肃了却得不到人缘？其实职场本来就是一个很紧张、很严肃的地方，如果你再每天绷着一张脸，让人看着就生厌，又怎么可能会有人想要同你接触呢？语言是很神奇的东西，它可以美得像优美的歌曲，也可以凶得像杀人的利剑。幽默派就是前者，而严肃派则是后者。可以毫不夸张地说，每个人都不会喜欢同一个随时可以伤到自己的"利剑"待在一起。

幽默可以给职场带来一个好人缘，这是无可厚非的事实。要做到幽默，还要让自己去接触更多的事物，增长知识与见解，训练自己的反应能力。每个在职场中的人都不妨试着做一个"幽默派"，这样不仅可以让自己轻松起来，还可以获得更多的朋友，更好的人缘。

一位厂长在年初的职工代表大会上遭到了一位女职工的不断质问，因为她认为自己在上年所报销的医药费实在是太少了。

那位女职工厉声地问道："去年一年中，厂里在这方面到底为职工花了多少钱？"

这位厂长说出了一个几十万元的数字。

"我想我快要晕倒了。"女职工说。

这位厂长依然面不改色、心不跳地解下了手表和领带，放在桌上说："在你晕倒之前，请接受我的这笔投资吧！"

于是在场的大多数职工都会心地笑起来。

这位厂长的幽默表达了一个相当重要的信息，即企业也特别地重视职工的需要，厂长本人也确实关心职工的需要。如果有必要的话，他可以牺牲自己，但是厂里的资金有限也是事实。

那位女职工当然根本不会晕倒，她只是在做样子。厂长的这个小小的幽默不仅没有让她感到更加气愤和不平，相反倒是使其顿然沉思，进而猛醒，把对厂里和领导的抱怨和不满都化作了理解和同情，她后来成了厂里的骨干。

一句幽默的戏剧性语句和一个幽默的戏剧性行为，其效果远远超过了一份长篇大论的反驳和纠正。幽默可以说是生活中比较自然的品味，它不仅能产生笑料，更是一种修养，一门知识。难以想象，一个不懂幽默的人会是一个很会说话的人。

再次求职，我开始调整自己，朝一家心仪已久的大公司迈进，仍然是一家广告公司，我应聘的是广告策划。幸运的是，我顺利通过了笔试和面试，主管通知我三日后去策划部报到。我来到公司策划部，办公室老板椅上坐着一名30来岁的男人，他正在打电话，我的出现形同虚设。等他打完电话，我正要说明来意，不料他的手机又响了。如此，他电话、手机轮番夹攻，他却乐此不疲。我想堂堂大公司怎么如此散漫？耐心随时间一点一滴被消磨着。

"您就是贾经理吧？您忙我就告辞了，您能给我一张名片吗?”我终于忍耐不住,冲他说道。这家伙有了点儿反应,脸上略显惊讶,可他还是抱着电话,扔过一张名片。

在策划部的走廊里,我按名片上的号码给他打电话:“您好,贾经理。我是来报到的。”“哦,你不是走了吗?”贾经理漫不经心地说。“我没走,只是觉得您比较热衷于电话,我就改用电话报到了……”

“你进来。”他沉默了一会说。当我再次走进他的办公室时,贾经理已经威仪地坐在那儿,刚才的懒散全然不见。他说:“知道吗? 你之前的16位应聘者都在这关‘阵亡’,你机智、幽默、不亢不卑,是块搞策划的料,恭喜你!”

这是一个职场人求职的亲身经历。从这个故事中我们看到,机智和幽默不仅能减少人与人之间的距离,还能给自己创造更多的机会。职场幽默不仅仅是对同事适用,也不仅仅是在办公室适用,只要场合适宜,只要幽默得当,都是对自己有帮助的,有的是在工作上的帮助,有的则是在人缘上的。只要我们机智地运用幽默,就会有比别人更多的机会。

有一位老师指着一个顽皮的小孩对一位家长说:“这小孩的爸妈不知道怎么教的,这么没教养!”

家长对老师鞠了个躬,恭恭敬敬地说:“我就是不知道怎么教育他,才把他送来学校给老师教的。可能他的老师也没办法教,是不是请您帮忙呢?”

一句反退为进的幽默,让小孩的老师不知道该接什么话,化解了一场冲突。幽默是一种有价值的思维,它表现为机智地处理复杂问题的应变能力。幽默来源于对世间事物的洞察,含笑面对人生中的矛盾或冲突。它是人们适应环境的工具,当然也是人类面临困境时减轻精神和心理压力的方法之一。

现在社会生活节奏比较快、工作压力大,不管是作为上司还是下属,只要是“上班一族”都感觉比较累，大多数人过着上班专心工作，下班后网上瞎聊天的生活。其实，“上班一族”也需要有很多的幽默，也应该有很多幽默，这可以排解压力、调节气氛和提高工作效率。

幽默风趣能使人这个生产力要素在轻轻松松、愉愉快快的职场氛围中工作，工作效率更高，生产力水平当然也就随之提高。反之，人在气愤、埋怨中，效率会更低，生产力水平当然就会受到影响。利用自己的聪明、机智，学会职场幽默，职场不再是冷冰冰的“囚室”，而是充满生机、让人喜欢的快乐场所。

第四章

勤奋敬业，踏实做人：稳稳当当立足职场

任何时候任何地方，最受欢迎也最能获得成功的人，永远是那些勤奋、敬业、踏实、努力的人。只有这样的人，才能稳稳当当立足职场，扎扎实实做好工作。

1. 找准自己的职场位置

要想在职场中找准自己的位置，就必须确定自己的目标。有了目标的指引，我们才能真正清楚自己在做什么、在向什么方向努力，从而矢志不移地朝着成功的方向迈进。很多人从最开始进入职场就对自己的选择不满意，于是开始选择跳槽。但工作不久后发现这份工作还是不能令自己满意，再次跳槽，跳来跳去，走在哪儿都是新人。一转眼，踏入职场多年，还是一无所有，一事无成，就连一份完整的工作经验都谈不上。这种人自己对职场的信心渐渐减弱，最后不得不因为生存原因或是年龄原因而委屈地做一份自己还是不满意的工作，注定一生碌碌无为。其实这是职场的潜在风险，要想跳槽，就一定要有十分的把握，这个把握不光是对眼前这份工作的薪水要求，更多的是自己是否喜欢这份职业，是否能在这个位置让自己获得最大的发挥，从而实现自己的人生目标。许多人缺乏职业生涯规划，这山望着那山高，不停地跳来跳去，越跳越差，稍不留神就跳进“坑”里了。

想跳槽的人士要找准自己的定位，明白自己到底想要什么。可以问自己两个问题：我能给企业带去什么？企业能给我带来什么？自己的期望一定要能够与企业的发展方向和理念保持一致，如果找不到其中的平衡点，最好别跳，还是在现在的企业寻找或者创造机会为好。跳槽太过频繁，不利于持续发展。

“OK，我看过你的简历。你明天可以来实习，实习工资你要求的2000元没有问题。”当软件公司老板在看过求职者陈向阳的简历后，被他某知名高校硕士研究生的学历所吸引，也认为他要求的实习月薪不是太离谱，于是决定让他到公司来实习。

当获得老板的首肯后，陈向阳却开始“反水”：“那个月薪要求只是笔误，我的要求其实是2500元。”老板开始有点儿不悦，不过想看看对方到底技术如何，也没有太多反对。也许是由于老板的回答太过爽快，陈向阳回到家后，夜晚又给老板发邮件，认为自己提出的月薪太低，需要3000元的月薪才能去公司。

面对这样的求职者，老板有点儿哭笑不得。不过他想，如果确实是人才，3000元也没问题，便答应了陈向阳的要求。可是，当陈向阳一工作，老板就皱起了眉头：“这个毕业于知名高校的硕士，连很多基础的程序都写不出来，完全就是‘水货’。”最终，陈向阳实习几天后，立即被开除了。

显然，这位陈向阳同志是没有明白自己的能力，不知道自己究竟会做些什么。相信很多初入职场的人都有相同的经历：刚开始凭着自己的高校文凭，找自己心中的最高目标作为职业。有的人从一开始就以失败而告终，还有的则与上面这位求职者一样，遇到一个“求才心切”的老板，就算你的要求有些不合适，甚至是过分，但如果你真的是“人才”，老板也就认了。殊不知一走进职场，大家都傻了眼：求职者没想到自己什么都不会，老板没想到自己招来的人才是个只有文凭没有本事的“空架子”。于是，双方合作以失败不欢而散。这种情况，说到底，还是求职者不知道自己到底想要做什么，没有给自己一个很好的定位。看薪水是不是令自己满意当然是求职者的一个基本要求，但同时你也必须看清自己是否适合做这一职业，是否有能力把自己选择的这一职业做到最好。职场是一个多方面素质都有要求的地方，光有漂亮的外形不行；光有高校的文凭、领导的推荐，也不行。能在职场站稳脚跟并有长足发展，要的还是真才实学，真正的本领。

人到中年下岗后，为了生计，我四处奔波。后来回到老家，我开始调整自己的思路，最后决定去找一份跟文字打交道的工作。我将自己以前发表在报刊上的文章复印下来，装订成册带在身上，再一次搭上了异乡求职的长途客车。在省城，我跑了很多场招聘会，专门找一些需要文字工作的岗位应聘，结果我单薄的大专文凭和已不再年轻的年龄让我举步维艰。那些日子里，我每天做的事，就是买报纸看招聘广告，赶场应聘投放简历，然后在一些含糊的答复中等待招聘单位的消息。一天晚上，在一家小旅馆里，我终于等到了一家文化单位面试的电话通知。那一刻，我的心里翻江倒海，酸甜苦辣，什么滋味都有。我精心准备了面试可能要回答的问题，直到凌晨三点才进入梦乡。天道酬勤，我十几年的工作经验，还有那些剪辑的文章帮了我的忙。这次没有太多的波折，我从二十余名应聘者中脱颖而出，成了一名内刊编辑。按招聘单位负责人的话来说，他们想找的是一名能立即投入工作、进入角色的编辑，而不是仅有华丽的文凭外衣的人。经过几年漫无目的的奔波，我终于找准了适合自己的位置。一年来，我一边工作，一边努力学习编辑的业务技能和刊物的行业知识，负责编辑的文章没有出现过一次差错，有一篇还获得了“省期刊年度好编辑奖”。业余时间，我撰写了一些文章投给全国各地的报纸杂志，发表各类文章300余篇。

找准自己的位置，实现自我价值，也许是一个人一生中最好的选择。

很多人事业上发展不顺利不是因为能力不够，而是选择了并不适合自己的工作。他们并没有认真地思考一下“我是谁”“我适合做什么”，也因为不清楚自己要什么，而无法体会如愿以偿的感觉。有的人多年来涉足很多领域，学习很多知识，其实内部很虚弱，每一项都没有很强的竞争力。人们常说：“学MBA吧，大家都在学。”“出国吧，再不出国就来不及了。”“读研究生和博士吧，年龄大了就读不动了。”现实已经说明，MBA、出国、研究生和博士生并不代表持续的发展，大多投资很多，收益很少，过于分散精力会让我们失去原有的优势。

给自己一个准确的定位，你就会让合适的用人单位招聘你，或者让你的上司正确培养你，或者让你的所有关系帮助你。很多人在写简历和面试的时候，不能准确地介绍自己，使得面试官不能迅速地了解你，有的在职业上摇摆不定，使得单位不敢委以重任，还有的人经常换工作，使得朋友们不敢积极相助。定位不准，就好像游移的目标，让人看不清真实的面目。

当今社会，职业中的诱惑越来越多，竞争越来越大。如果你不能给自己定位，那么你可能遇到的现象是有了机遇看不到，找到的又不是自己适合的；或者找错了大方向，改变起来很难；或者得到的又轻易失去，走了好多弯路；或者精力分散，失去了自己的优势地位。

找准自己的职场位置，是每一个步入职场的人要走的第一步。走好这一步，成功的步伐才可能继续下去，否则，成功路上就会就此止步。

2.激发工作激情

人一生中促使个人成功的因素往往很多，这些因素中包括一个不可忽视的环节，那就是一个人对工作、对事业不断涌现出来的工作热情与激情。有了工作激情，才能主动、自觉地做好身边的每一件事。激情是一种非常重要的工作态度，它决定了我们能否在工作中取得更大的成就，也决定了企业能否获得持续发展与壮大。无数成功人士在谈到自己为什么会成功时，都提到他们很热爱自己的工作，对工作抱有无限的激情。也正是这种激情带给了他们战胜困难、挑战自我的勇气，并最终促成他们的成功。激情并不是空洞的在那儿大声呼喊“我爱我的工作”“我喜欢我的职业”“我要努力”等等。对工作的激情，是要保持高度的自觉性，将全身心都调动起来，最大限度地发挥自己的潜能，出色地完成各项工作。有人说，激情是扬起船帆的风，没有风，船就不能前进。但对于企业中的一员来说，激情是一种精神特质，代表着一种积极进取的精神力量。这种力量可以转化为能量，从而推动工作更加有效地完成。

有的人会说，我每天上班下班，所做的事情毫无变化，毫无新鲜感，这让我怎能有工作的激情？诚然，工作中不可能每天都有新鲜的东西，但是我们的心态可以。有一个好的心态，我们就能在工作中找到每天都不同的乐趣。两个起点相同的人，最后的结果却大不相同，相比起来，学识与聪明程度并不是他们拉大距离的原因，真正的原因，是他们之间的态度差异，成功者始终用最积极的方式去思考，用最乐观的精神和最丰富的经验去支配和把握自己的人生。而失败者刚好相反，他们的人生是受过去的种种失败所支配的，在他们心里，前途一片渺茫，所以工作起来就毫无激情可言。

石安现在是公司业务代理人。有人问他有什么秘诀，他说，开始跑业务的时候，他同样没有一点儿信心，每天要与陌生人打交道，想办法让别人有耐心听他的讲解，他甚至对陌生人有了恐惧感，生怕与人打交道。后来，他的老师告诉他，最坏的结果就是别人不听，又回到原处。从那以后，只要有百分之一的希望，他就会以百分百的努力去做，直到成功让别人认可自己的产品。

要想对工作有激情，就要调整好自己的心态，用积极代替消极，把困难当成磨炼，把竞争当成乐趣，每天与自己竞赛，使激情工作成为一种常态。只要你长期保持这个习惯，就会收获更多的成功和快乐。

激发对工作的热情，首先对自己要充满信心。一个意志坚强的人，对于来自社会的、工作的或学习的逆境压力，都需要承担下来。不仅要承受压力，还要把这种压力和逆境看作是一种机遇，在机遇中找出扭转局面的办法。每个人都可能有环境不好、遭遇坎坷、工作辛苦的时候，说得严重一点，几乎可以说，我们每个人在降生到这个世界的那一刻起，就被注定了要背负起经历各种困难折磨的命运。身处逆境的人很容易认为工作没有乐趣，或生命没有价值，这样无形之中就给自己添加了强大的精神压力。相反，我们如果能看淡这些逆境中的困难，始终保持乐观情绪，认为人虽然被注定了要靠劳力、靠工作来维持生活，但同时我们却有机会欣赏这鸟语花香的世界，还有智慧体味人间苦乐的真谛，也还有心情来领略人间的爱心、善良和同情。相信你如果能这样去看待困难的话，心里一定会很舒服。

当环境中的人或事令我们受到伤害或打击的时候，我们应该抛开那些无益的气恼，而在内心这片快乐的园地里找到希望、安慰和鼓励。每个人都可以在自己心里种下快乐的种子，这些快乐的种子可能是一些爱好，一点信心，一个理想。无论我们受到的打击有多么严重，只要我们能保持自己内心的这点平静，就不会受到环境的伤害，就可以保持对生活的热情、对工作的激情。

对工作有激情，就是要把工作当作自己的事业，将工作融入到自己的生命中去，以强烈的责任感和使命感创造性地开展工作，有争创一流的志气、百折不挠的勇气和奋力开拓的锐气，既要激发自己对工作的激情，还要对自身的理想、目标和方向做一个规划，然后在工作中努力朝着目标一步一个脚印地走下去。

3. 敬业才能成就事业高峰

敬业是一种使命，是职业人士应具备的职业道德。把敬业当成一种习惯的人，能够从工作中学到更多的知识，积累更多的经验；把敬业当成习惯的人，更容易取得成就。如果一个人没有敬业精神，就不要谈为公司负责、对工作负责，更不要奢谈什么成功。在当今社会中，一个人是否具备敬业精神是检验员工是否胜任一份工作的首要标准，是衡量员工是否把工作当回事的重要尺度。因为它不仅关系到员工的切身利益，更关系到企业的生存和发展。事实表明，当我们敬业精神增加一分，别人对我们的尊敬也会增加一分。

有些人天生就具有敬业精神，任何工作一接手就废寝忘食，不完成不罢休，也有些人需要培养和锻炼敬业精神。如果我们是敬业的人，就能从工作中得到比别人更多的经验，而这些经验便是我们在职场生存和发展的资本。就算以后换了工作，从事不同的行业，丰富的工作经验和有效的工作方法，同样是我们的宝贵财富。我们的敬业精神会为成功带来帮助，让我们终生受益。

如果你养成“不敬业”的不良习惯，你的成就就一定有限。因为你的那种散漫、马虎、不负责任的做事态度已深入你的意识和潜意识，做任何事都会产生“随便做一做就行了”的直接反应，其结果可想而知。如果一个人到了中年还是如此，很可能会就此蹉跎一生，难以取得好的成绩。

有位外科护士首次参与外科手术，在这次腹部手术中负责清点所用的医疗器具和材料。在手术就要结束时，这位护士对医生说：“你只取出了十一个棉球，而刚才我们用了十二个，我们得找出余下的那一个。”医生却说：“我已经把棉球全部取出来了，现在，我们来把切口缝好。”那位新护士坚决反对：“医生，你不能这样做，请为病人着想。”

医生顿时闪出钦佩的眼光：“你是一个合格的护士，你通过了这次特别的考试。”原来，精明的医生把第十二个棉球踩在了自己的脚下，当他看到新来的护士如此认真时，他高兴地抬起了脚，露出了那第十二个棉球。

所有的公司用人时不仅仅看重其个人能力，更看重其个人品质，而品质中最关键的就是忠诚度。在这个世界上，并不缺乏有能力的人，那种既有能力又忠诚的人才是每一个企业企求的理想人才。人们宁愿信任一个能力差一些却足够敬业的人，而不愿重用一个朝三暮四、视敬业为无物的人，哪怕他能力非凡。不管你的能力如何，老板乐意在你身上投资，给你培训的机会，提高你的技能，是因为他认为你是值得他信赖和培养的。当公司面临危难时，他相信你会和公司同舟共济。

在荷兰，一个初中刚毕业的青年农民在一个小镇找到了门卫工作，他在这个岗位上一干就是60年。在这个清闲的岗位上，他没有悠闲，而是选择了打磨镜片，一磨就是60年。他是那样的专注和细致，技艺超过了专业水平，磨出的复合镜片的放大倍数比专业人士磨出的都高。借助磨出的镜片，他终于发现了当时世界上还不知晓的另一个广阔的世界——微生物世界。

后来他获得了巴黎科学院院士的头衔，英国女王还亲临小镇去看望过他。他老老实实地把手中的镜片磨好，不仅成为了科学家，而且因为专注和劳动，也确保了健康，他活了90岁。

这个人的名字就是列文虎克。

是敬业促使了这位伟人的成功。60年如一日，这并不是一般人能做到的，而他做到了，所以他达到了成功的高峰。在职场，作为一名员工，不仅要做自己爱做的事，也要热爱自己所做的事，努力做好自己所做的事。对个人而言，无论你从事哪个行业，也不论你是公司的高层还是普通员工，千万不要看不起自己的职业。如果你对自己的工作没信心，认为那不是一种好的职业，你无疑是给自己成功的道路设了一道障碍。只有主动积极地工作才能为自己的职业发展赢得一个好的开端，做一个好的铺垫。每个人只要选择了工作，就应该珍惜这份工作，在工作中打起精神，不断地激励自己、训练自己、控制自己和突破自己。如果你发现这份工作给你带来了无尽的热情和兴趣，那么你找到了心爱的职业。如果这份工作没有给你带来大的乐趣，没有给你提供发挥才能的空间，你也应该珍惜，因为只要你还是爱岗敬业的，你就能在今后的发展道路上受益良多。

4.

刻苦勤奋才能创造不凡的业绩

“天将降大任于斯人也，必先苦其心志，劳其筋骨，饿其体肤，空乏其身。”历经艰辛与劳动，方能尝到苦尽而来之甘甜，这是古训。从现实中我们看出，一个从小就被视为天才的人，并没有为国家为人类做出多大的贡献，也许他自己认为是成功的，但是比起那些人类巨人来说，相差甚远。我们所说的那些人类巨人，也就是为人类贡献了巨大财智的人，比如爱迪生、牛顿等，他们之中，没有一个是从小就被视为天才的。

所有成功的人他们一路走来，并没有通过什么别人不曾知道的捷径，如果说有捷径的话，那就是他们比别人更刻苦更勤奋。他们付出的汗水远远超过同行人。对于员工而言，要想得到别人的认可，要想在行业里取得成绩，成为一个成功人士，除了努力、勤奋，再无他法。

有一天，天刮着大风暴，风撒野般地呼号着，尘土飞扬，迷迷漫漫，使人难以睁开眼。牛顿认为这是个准确地研究和计算风力的好机会。于是，他便拿着用具，独自在暴风中来回奔走。他踉踉跄跄、吃力地测量着。几次被沙尘迷了眼睛，几次风吹走了算纸，几次风使他不得不暂停工作，但这都没有动摇他求知的欲望。他一遍又一遍，终于求得了正确的数据。他快乐极了，急忙跑回家去，继续进行研究。有志者事竟成。经过勤奋学习，牛顿为自己的数学高塔打下了深厚的基础。不久，牛顿的数学高塔就建成了，二十二岁时发明了微分学，二十三岁时发明了积分学，为人类科学事业做出了巨大贡献。

牛顿是个十分谦虚的人，从不自高自大。曾经有人问牛顿："你获得成功的秘诀是什么？"牛顿回答说："假如我有一点儿微小成就的话，没有其他秘诀，唯有勤奋而已。"他又说："假如我看得远些，那是因为我站在巨人们的肩上。"这些话多么意味深长啊！它生动地道出牛顿获得巨大成就的奥妙所在，这就是在前人研究成果的基础上，以献身的精神，勤奋地创造，开辟出科学的新天地。

"你若想获得知识，你该下苦功；你若想获得食物，你该下苦功；你若想得到快乐，你也该下苦功，因为辛苦是获得一切的定律。"这是牛顿的话，也正是基于这一点，他在人生的道路上从来没有歇息过，真正为了自己的事业付出了一生。人们仰视他，不光是因为他的成果，还因为他并不是那种天资过人的人，他的每一点成功，都付出了别人无法想象的代价。

成功就是一座高峰，看上去是那么近，但想要攀上这座高峰却是那么地难。只有坚持不懈，用汗水开辟山路，我们才会成功。

作为一名员工，永远要相信，勤奋和努力是会给你创造财富的。一个勤奋的人，他总是能够给人留下好的印象。当其他人在浑水摸鱼，而你在兢兢业业地工作的时候，这种勤奋的精神会被大家所钦佩，大家都会与你接近，认可你的价值。同时，因为你的勤奋，你也会得到老板的赏识。任何一个企业负责人都喜欢勤奋工作的人，他们希望员工把自己的工作当作事业来做。

原一平是个其貌不扬的人，但是却创造了日本保险销售的神话。这与他的辛勤努力是分不开的。

原一平在面试时，一位刚从美国研习推销术归来的资深专家担任主考官。他瞟了一眼眼前这个身高只有一米四五的人，抛出一句硬梆梆的话："你不能胜任。"

当时原一平惊呆了，好半天回过神来，结结巴巴地问："何以见得？"

主考官轻蔑地说："老实对你说吧，推销保险非常困难，你根本不是干这个的料。"

原一平被激怒了，他头一抬说："请问进入贵公司，究竟要达到什么样的标准？"

"每人每月10000元。"

"每个人都能完成这个数字？"

"当然。"

原一平不服输的劲儿上来了，他一赌气："既然这样，我也能做到10000元。"

主考官轻蔑地瞪了原一平一眼，发出一阵冷笑。

原一平"斗胆"许下了每月推销10000元的诺言，但并未得到主考官的青睐，勉强当了一名"见习推销员"。没有办公桌，没有薪水，还常常被老推销员当"听差"使唤。在最初成为推销员的七个月里，他连一分钱的保险也没有拉到，当然也就拿不到分文的薪水。为了省钱，他只好上班不坐电车，中午不吃饭，晚上睡在公园的长凳上。他每天努力奋斗，精神抖擞，每天凌晨5点起床上班。一路上，他不断微笑着与擦肩而过的人打招呼。有一位绅士经常看到他这副快乐的样子，很受感染，便邀他共进早餐。尽管他饿得要死，但他还是委婉地拒绝了。当得知他是保险公司的推销员时，绅士便说："既然你不赏脸和我吃顿饭，我就投你的保好啦。"他终于签下了生命中的第一张保单。更令他惊喜的是，那位绅士是一家大酒店的老板，帮他介绍了不少业务。

原一平是个神话，是用努力坚持和勤奋工作创造的神话。

想成功，勤奋是必不可少的，这是个不变的哲理。每个人都有自己的理想，然而，通往成功的道路是坎坷的。现实与理想之间的桥梁到底是什么？是勤奋。古今中外，任何成功者手中的鲜花，都是用心血和汗水浇灌而成的。做任何事，要想有所收获，就必定下功夫。

勤奋的人不一定会完全成功，但成功的人一定是通过勤奋达到目的的。所以，无论我们处在职场的哪个位置，只要勤奋，就一定会有业绩，就一定能得到上司和同事的认可。做一个踏实勤奋的人，是在职场稳当立足的前提，也是成功必须具备的条件。

5. 踏实肯干是向上攀登的唯一捷径

我们身边到处都是有才华、有能力、有志向的人。他们聪明、睿智，然而他们却很少成功。为什么？原因在于，成功的人一旦有了想法，就会付诸行动，并为之努力，哪怕是失败了，也会爬起来继续向前。而那些自以为有才华、有能力的人，只是在心底承认自己的本领，却从来不想也不愿意为自己的想法去试一试，去努力。他们永远活在不可一世里，永远瞧不起身边那些做小事的人，认为那是"没出息"，要做就要做大事，却不曾想，连小事都不愿意做的人，有能力去做好大事吗？再说天底下哪有那么多的"大事"等着你去做？别人的成功都是靠小事一点一滴积累起来的。许多年过去，当这些人还在观望，还在不可一世的时候，别人已经前进得看不见身影了。这时，有才华之人才知道，所谓的才华，其实是在工作中慢慢积累起来的，并不是自己首先定格在原地的。

提起踏实肯干，很多人会想起"老实"这个词，但当今时代踏实肯干包含着更多的涵义。踏实肯干，就是爱岗敬业、奋发有为、百折不挠，以旺盛的精力、高度的责任感"干一行、爱一行、精一行"。工作不仅是一种责任，更是一种乐趣，还是一种收获。有人曾列出这样一个公式：人的价值＝人力资本×工作中的激情×工作能力。态度决定结果，踏实肯干的态度是一个人干好本职工作的前提和动力，更是其事业心和责任感、使命感的直接反映。试想一个有工作能力的人，如果没有踏实肯干的工作态度，不热爱所从事的工作，就会缺乏创新意识、超前理念，就会不思进取、办事拖拉、效率低下、按部就班、得过且过，从而影响企业的整体竞争力。

最近这些年职场出现了一些“怪现象”，那些高校名校出来的大学生不容易就职，因为很多企业直接就拒绝了他们，反倒是一些有经验、年龄偏大一点的，甚至有残疾的人就职要容易得多。一些招聘单位负责人表示，其实不太看重求职者的文凭，更看重的是性格、人品和能力：“现在一些80后、90后，还没实习几天呢，说不想干了招呼不打就走人，经常弄得我们很被动。只有一小部分人比较珍惜得来不易的工作机会，踏实肯干。”

踏实肯干，这不是一句口号，而是一个人成功所必须具备的精神。一个没有踏实肯干精神的人，一旦遇到挫折，就会长吁短叹，怨天尤人。而踏实肯干的人，当遇到挫折时，不但不会胆怯或怨恨，反而会更加刺激他的进取心和求胜心，以更大的热情投入到工作中去，更好地完成工作。

在很久以前，泰国有个叫奈哈松的人，一心想成为一个富翁。他觉得成为富翁的捷径便是学会炼金之术。

此后他把全部的时间、金钱和精力，都用在了炼金术的实验中。不久以后他花光了自己的全部积蓄，家中变得一贫如洗，连饭都吃不上了。妻子无奈，跑到父亲那里诉苦。她父亲决定帮女婿改掉恶习。

他让奈哈松前来相见，并对他说：“我已经掌握了炼金之术，只是现在还缺少一样炼金的东西……”

“快告诉我还缺少什么？”奈哈松急切地问道。

“那好吧，我可以让你知道这个秘密。我需要3公斤香蕉叶下的白色绒毛。这些绒毛必须是你自己种的香蕉树上的。等到收齐绒毛后，我便告诉你炼金的方法。”

奈哈松回家后立刻将已荒废多年的田地种上了香蕉。为了尽快凑齐绒毛，他除了种以前自家就有的田地外，还开垦了大量的荒地。当香蕉长熟后，他便小心地从每张香蕉叶下收刮白绒毛。而他的妻子和儿女则抬着一串串香蕉到市场上去卖。就这样，十年过去了，奈哈松终于收集够了3公斤绒毛，他一脸兴奋地拿着绒毛来到岳父的家里，向岳父讨要炼金之术。

岳父指着院中的一间房子说："现在，你把那边的房门打开看看。"

奈哈松打开了那扇门，立即看到满屋金光，竟全是黄金，他的妻子、儿女都站在屋中。妻子告诉他，这些金子都是用他这十年里所种的香蕉换来的。面对着满屋实实在在的黄金，奈哈松恍然大悟。

事情往往是这样，那些心存侥幸、渴望点石成金的人往往会一无所获、双手空空，而那些看似没有多少进步的人，积累一段时间以后，就会获得成功。因此，踏实跨出你的每一步，你就能积少成多，获得成功。只有永远抱着跑在最前面的思想，你才有可能成为做第一名的人。

这就好比两个准备爬山的人，第一个立志要爬到山顶，第二个人说要享受生活，爬到半山腰就好。结果多半是立誓爬到半山腰的人愿望达到，而第一个人的愿望有两种可能：第一种，他没有达到他的目的地——山顶，但他最终所处的位置一定比第二个人高；第二种，他如愿以偿地站在了最高峰。无论是哪种结果，成就大的永远是立志到达山顶的那个人。

踏实肯干不能盲目。人们经常会停滞在离成功还有一点点距离的地方，但是那个地方依然叫做失败。这多半是因为他们的目标是模糊的，介乎两者之间，摇摆不定，而一个清晰的目标，是不会让人轻易放弃的。在通往成功的道路上，不要等待机会去为你开门，因为门闩在你自己这一面。机会也不会跑过来说"你好"，它只是告诉你"站起来，向前走"。很多的机会好像蒙尘的珍珠，让人无法一眼看清它珍贵的本质，所以要学会为机会拭去障眼的灰尘，也要善于把握机会。踏实做人是成功路上的捷径，也是一个成功的职场人最宝贵的财富。有了这笔财富，我们就能做一个职场的常胜将军，就能在任何挫折下立于不败之地。

6.

戒除浮躁，踏踏实实做好眼前事

许多从学校来到职场的新人，怀着对将来美好的憧憬进入公司，可是看到的却是与自己期望值相差很大的现状。这个时候大家就会觉得这家公司可能不是我想要的，出去可能可以找到更好的，于是，毫不犹豫地跳到另一个地方。到了另外一家，发现好像好一点儿，但是跟理想中还是有差距，算了先做着吧，做着做着又发现好像没什么机会，还要受气，这怎么行，另谋高就吧，于是在辗转中还是找了下家。等再找到一家的时候，发现自己的同学好像升职的升职，加薪的加薪，而自己却还在基层苦苦挣扎，心情当然是很不乐观的。于是拼命表现，拼命做业绩，结果发现短期内还是没有效果，于是决定再换一次，心里跟自己说，最后一次。就这样，跳来跳去，永远没有个安定的职业。

这就是我们现在所要谈到的浮躁。浮躁就是心浮气躁，是各种心理疾病的根源，是成功、幸福和快乐的绊脚石，是我们人生最大的敌人。无论是工作还是做人，都不可浮躁。如果一个企业浮躁，往往会导致无节制地扩展或盲目发展，最终会没落；如果一个人浮躁，容易变得焦虑不安或急功近利，最终会失去自我。

在我们的心灵深处，总有一种力量使我们茫然不安，让我们无法宁静，这种力量就是浮躁。浮躁是因为我们缺乏幸福感，缺乏快乐，太过于计较得失。当压力太大、急于成功、太闲太忙、缺乏信仰、过分追求完美等问题出现并不能得到满意的解决时便会滋生浮躁。

只有拭去心灵深处的浮躁，才能找到幸福和快乐。那么，幸福和快乐在哪里？幸福和快乐其实就在我们每个人的心里。只要你愿意，你随时都可以支取。在很多时候，我们都急需在心中添把火，以燃起某些希望。或者说我们应该静下来，踏实地做好身边的每一件小事，这样，我们就能摒弃心中的浮躁，从这些小事中获得更多的做人道理和工作经验，从而进一步完善自己。

浮躁常常表现为心浮气躁，焦虑不安，患得患失，这山望着那山高，静不下心来，耐不得寂寞，稍不如意就轻易放弃，从来不肯为一件事倾尽全力，等等。比如上班的时候，明明手中的事情也很重要，明明今天是一定要完成的，可心中就是压不住浮躁，觉得手中的事情没有意义，这样辛苦不值，想一下子放掉所有的事情歇下来，等真正歇下来，又觉得无所事事，还不如去公司加班……其实做人也好，做工也罢，都来不得半点儿浮躁。只有静下心来踏踏实实做事，才不会被浮躁所左右。针对浮躁而言，"平平淡淡才是真"不失为一句金玉良言。能够影响我们的不是事物本身，而是我们对待事物的态度。如果我们能做到平和沉静，脚踏实地，我们就能戒除浮躁，安心工作。

浮躁是职场大忌，要干得好，首先要沉下来。现在尽管不如意，但是要相信困境是暂时的，只要我们一直在努力，就一定会有一个好的结果。许多浮躁的人都曾有过梦想，却始终无法实现，最后只剩下牢骚和抱怨，他们把这归因于缺少机会。其实，机会就在每个人身边，只不过，脚踏实地的耕耘者在平凡的工作中创造了机会，抓住了机会，实现了自己的梦想，而眼光不愿俯视手中工作细节的人，在焦虑地等待机会中，度过了不愉快的一生。能否尽快学会摆脱浮躁，用做大事的心态去踏踏实实做好眼前的每一件小事是决定一个人能否成功的关键。

有几个小孩都很想成为智者的学生，智者给他们一个人一个烛台，叫他们要保持光亮，结果一天两天过去了，智者都没来，大部分小孩都不再擦拭那烛台。有一天突然到来，大家的烛台都蒙上了厚厚的灰尘，只有一个被大家叫做"笨小孩"的小孩，虽然智者没来，他也每天都擦拭，结果这个"笨小孩"成为了智者的学生。

职场上也常有这种现象，当上司叫你做某一件单调乏味、看起来又没有什么价值的事情的时候，你是不是也曾经这样主动放弃过？当你想放弃的时候，是不是有一种大快人心的感觉——终于摆脱了这种乏味的工作？其实，你放弃的，很有可能就是你加薪或升职的机会，但是因为你的浮躁，在老板还没有放弃你的时候，你就已经放弃了自己。所以，在别人升职加薪的时候，千万不要有任何的不满，机会对于所有的人来说都是一样的，只不过是有的人抓住了，有的人放弃了。

可以肯定，抓住了机会的人一定是踏踏实实做好每一件事的人，不管这件事是大是小，对自己是否有利，只要是上司吩咐的，他都会认认真真地做到最好，也只有这样的人，才能在职场一帆风顺。

7. 抛弃好高骛远的想法

机遇对任何人都是平等、公正的，就看谁抓得准。为什么很多人总觉得自己没有机会？很大一部分原因是他们对机会的眼光太高、欲望太奢，而忘记了无论多么伟大的事业都必须从小事着手，踏实认真地做好眼前的每一件小事才能成为职场上受欢迎的人，对很多小事不愿意做或根本不屑于去做的人，是无法得到领导欢迎的。体现一个人素养的地方，恰恰是一些细小之处，能促进人成功的，也是这些细小的事情。当我们和周围人的知识、能力相当时，唯一能让我们胜出的就是素养，而机会，只不过是素养之后的水到渠成。有一句话让很多人慨叹而又伤感："心比天高，命比纸薄。"这正是那些好高骛远、眼高手低的人的真实写照。

东汉时有一少年名叫陈蕃，自命不凡，一心只想干大事业。一天，其友薛勤来访，见他独居的院内龌龊不堪，便对他说："孺子何不打扫以待宾客？"他答道："大丈夫处世，当扫天下，安事一屋？"薛勤当即反问道："一屋不扫，何以扫天下？"陈蕃无言以对。

陈蕃欲"扫天下"的胸怀固然不错，但错的是他没有意识到"扫天下"正是从"扫一屋"开始的，"扫天下"包含了"扫一屋"，而不"扫一屋"是断然不能实现"扫天下"的理想的。

要想改变好高骛远的坏习惯，就要首先对自己的能力做一个全面的评估，切实考虑到自己的不足。在职场上，有不少人踌躇满志，渴望在好的工作岗位上一展自己的才华，因此大多数人都要求工作单位考虑自己的专长。其实仔细想想，这恰恰是没有自信的表现。为什么除了专长就不能做点别的事情了呢？要知道你自己所谓的专长其实并不一定是公司所需要的。只要在机会合适而公司又确实用得着的时候，公司才会考虑你的专长。也就是说，公司希望的员工是既有专长又有综合实力的人才，想想自己，你有这个能力吗？如果没有，那么让我们抛弃好高骛远的坏习惯，踏实地做好上司吩咐的每一件小事，积极融入到同事中去，这样，就会很快受到你所在的圈子的欢迎，你也就踏稳了职场的第一步。

一个人有远大理想是好的，但要想实现心中的理想，就要一步一个脚印沿着这条路走下去。此外还要做好吃苦、受累的准备，因为这条路并不是畅通无阻的。手边的每一件小事才是你理想大厦的一砖一瓦，好高骛远的空想不过是空中楼阁。

1871 年的春天，英国蒙特瑞综合医科学校的学生威廉斯勒，对自己人生中的问题感到很困惑。他不明白应该怎么处理远大的理想和具体的身边小事，一个人应该有什么样的做事态度才能成功。他渴望成功，但对手边的小事又觉得没有什么意义。他甚至以为现在的学校生活枯燥乏味，没什么值得去用心的，因此他的成绩也每况愈下。他找他的老师探讨这些让他感到困惑的人生问题。他的老师推荐他阅读哲学家卡莱里写的一本哲学启蒙读物。老师说："他的书里或许有答案帮助你解决问题。"

威廉斯勒是一个意志很坚定的青年。他一向不崇拜大人物，更不相信所谓的名人名言，对许多问题一向有自己的独到见解。但既然是老师推荐的，他想或许真的有用，于是拿过书漫不经心地浏览起来。

突然间，书中的一句话让他眼前一亮："最重要的，就是不要去看远方模糊的东西，而是要做手边最具体的事情。"他恍然大悟，是啊，不论多么远大的理想，都需要一步步去实现啊！不论多么浩大的工程，都需要一砖一瓦垒起来啊！

他想明白了，他的困惑解决了，他终于找到了人生的答案。他知道，那些远大的理想，应该让它们高悬在未来的天空里，最紧要的，是把自己手边的每一件具体的事情做好。

也就是从那一天开始，1871 年春天的一个下午，年轻的威廉斯勒开始埋头读书，因为他知道这是他目前最紧要的事情，他要把自己的成绩提高上去。半个学期以后，威廉斯勒就一跃成为整个学校最优秀的学生。

两年以后，威廉斯勒以全校最优异的成绩毕业。毕业后他来到一家医院做医生，他认真对待每一位患者，对每一次出诊都一丝不苟。兢兢业业的态度和精益求精的精神，使他很快成为当地的名医。

几年以后，威廉斯勒创办了约翰·霍普金斯学院。他把自己的人生态度贯彻到每一个细节里。许多专家学者慕名来到他的学院工作，使他的学院很快成为英国乃至世界最知名的医学院。

当有人劝你脚踏实地、一步一步来时，你或许对此不屑一顾：燕雀安知鸿鹄之志？你或许以为自己是鸿鹄，是大鹏，一展翅便能冲上云霄；你或许以为自己是盖世奇才，业绩一定远胜李嘉诚，但由于好高骛远，你终将一事无成。好高骛远只能使你眼光空茫、不切实际，不愿意从小事着手、小钱赚起，最终原地踏步，功败垂成；好高骛远只能使你放弃许多现成的成功机会，不愿也不屑做艰难而漫长的原始积累，然而你没有量的积累又哪来质的飞跃；好高骛远只能使你浮躁狂妄、投机取巧，在美梦破灭时怨天尤人，最终一蹶不振。我们应积跬步以至千里，积小流以成江海，从眼前的一点一滴做起，不畏艰险，从而积沙成塔，实现远大的梦想。

我们一定要牢牢记住：好高骛远的人只会一事无成。成功没有捷径，也不能速成，只有从切实可行的基础做起，脚踏实地地做事，长久地坚持，才能达到自己的目标。

8.

没有任何借口地服从

企业衡量一个人是不是一个优秀的员工，首先要看你是不是一个不找借口、服从安排的员工。一个富有责任心的人，不用别人逼迫，就能认真服从命令，自觉主动积极地完成任务。服从就是无条件地执行，快速认真地遵照上级的指示完成任务。

军人向来以服从命令为天职。当个人权威与集体权威产生矛盾时，军人最终遵从的是个人权威服从集体权威。军人的这种服从意识，正是企业中许多员工所缺乏的。很多公司的员工，抱有“以我为中心”的思想，不愿意去服从上级的命令。一个不懂服从的士兵绝对不是一个好士兵，同样，一个不懂服从的员工也不会是好员工。这对于当代某些职业生涯的失败者很有警示意义。他们之所以失败，正是因为他们缺乏服从意识，他们之所以不愿服从，都是因为太看重个人的利益而导致的。可见，这类人同时又是自私的。

最有竞争力的员工是这样一些人：在服从面前从不讲面子，对领导的任何命令都是直截了当地接受，甚至即便知道领导在会上做出的决策是错误的，也不会当着众多员工去反驳，而是先接受任务。如果工作实施起来的确有困难，会单独与领导沟通，一旦决策开始实施，更是第一时间去执行，因为他们知道服从才是执行的前提。

很多企业家认为，那些有服从意识的员工才是他们所需要的，因为他们知道，只有服从才能保证公司里的决策顺利执行下去。要想在职场成为领导真正需要的人才，员工就要严格要求自己，培养自己绝对服从、不找借口的习惯。对于企业来说，员工的服从精神十分重要。只有每一位员工都绝对执行上级的命令，才能够保证整个企业的有序发展，也才能够让每一位员工的能力得到充分发挥。为了实现这一点，员工就要把服从命令放在第一位，而不是时时加入自己的评判。如果你总是在工作中我行我素，那么你就不可能在自己的位子上停留很久，更不要说什么个人发展了。对于命令，你要做的就是绝对服从。就算你有不同意见，也不能随便违抗，否则就是在对抗权威，只能给老板留下不良印象。基于这个原因，员工对服从命令要有深刻的认识，不能仅仅把绝对执行理解为遵照上级指示而已。绝对执行意味着要时刻把企业的利益放在第一位，甚至要牺牲个人的利益来促进企业目标的实现。当上级交代工作时，你要专注于所听到的命令和指示，明确自己的责任，随后就要采取积极有效的行动去完成工作。

服从就是不找借口去执行，没有任何借口才是员工正确的工作态度和行为准则。抛弃找借口的习惯，拒绝任何借口，主动承担自己的责任，这样的员工才会有积极的人生。世界上最轻松的也是最愚蠢的就是找借口，有些员工在出现问题时不是想办法而是找借口逃避困难，忙于找借口推脱，这样他就会每天比别人差一点。要做一名优秀员工就要绝对服从，没有任何借口地去完成领导所决定的事情，不要表现小聪明，当领导需要我们发表意见的时候，要坦而言之，尽其所能，把公司看成一个大家庭，抛开任何借口，投入自己的忠诚和责任心，明白一荣俱荣，一损俱损的道理。

著名的美国西点军校有一个久远的传统，遇到学长或军官问话，新生只能有四种回答："报告长官，是"，"报告长官，不是"，"报告长官，没有任何借口"，"报告长官，我不知道"，四种答案。除此之外，不能多说一个字。新生可能会觉得这个制度不公平。例如军官问你："你的腰带这样算擦亮了吗？"你当然希望为自己辩解，但是，你只能有以上四种回答，别无其他选择。这是让新生们知道，现在他们只是军校的学生，但日后他们是保家卫国的战士，所以，执行没有任何借口。

职场虽然一般涉及不到生命安危，但道理是一样的。一旦领导把任务正式交给你，那就应该马上按指令行动。就像军队里的士兵一样，人随命令而动，不能有一时一刻的延误。比如，领导责备下属采购单有问题时，下属应该马上承认错误并且立即改正错误，这就叫"立即按指令行动"。

总而言之，服从是团队执行力的保障，具有很大分量，同时也是高效企业的灵魂，更是衡量一个员工是否优秀的重要标准之一。

第五章

敢于担当，负责做人：轻轻松松游刃职场

职场上，敢于担当责任与逃避责任的最大区别在于，前者总是成功，而后者只能平庸一生。因为勇于负责、敢于担当的员工，不仅是企业最需要的员工，更是领导和同事最信任、最离不开的员工。这样的员工的职场工作必定游刃有余，职场之路自然一帆风顺。

1.

敢于担当是最重要的职业精神

责任感是我们战胜工作中诸多困难的强大精神力量。一位成功人士曾这样描述自己心目中的理想员工："我所需要的员工是具有进取精神、敢于承担高难度工作任务的人。"那些勇于向高难度工作挑战的员工始终是人才市场上的"抢手货"。

许多人把应承担的责任推给领导，认为自己只是机器上的一颗螺丝钉，并没有什么权力，所以也不用去承担什么责任，特别是出现问题时，不敢或不愿挺身而出承担责任。当你万分羡慕那些有着杰出表现的同事，羡慕他们深得老板器重并被委以重任时，你一定要明白，他们的成功绝不是偶然的。你仔细观察就会发现，这些员工与别人的区别至少有一点——勇于负责。

勇于承担责任是人的一种品质，也是身在职场生存的基本条件。无论职位高低、能力大小，还是身在何种性质的企业，不管岗位职责管理幅度宽窄，必须立足本职，独当一面，肩负起应有的责任，对得起那份薪水和良知。

人的一生必须担当着各种各样的责任，社会的、家庭的、工作的、朋友的，等等。担当责任是一个人分内应该做的事情，是做好应该做好的工作，承担应该承担的任务，完成应该完成的使命。一个人活在社会上，最关键的一点就在于有责任感，认真担当自己的责任。上班族不要以为每天到点来，到点走，日复一日年复一年，只要不出差错就行了。我们对于自己应担当的责任要勇于担当，担当责任可以使人坚强，担当责任可以无限发挥自己的潜能，担当责任可以改变对待工作的态度。我们要清醒、明确地认识到自己应担当的职责，发挥自己的能力，并享受工作乐趣和取得成绩的快感。

陈明和张新同在一家速递公司，被分为工作搭档。他们工作一直都很认真负责，老板对他们很满意。然而一件事却改变了两个人的命运。一次，陈明和张新负责把一件大宗邮件送到码头。这个邮件很贵重，是一个古董，老板反复叮嘱他们要小心。到了码头，陈明把邮件递给张新的时候，张新没有接住，邮包掉了，古董碎了。

老板对他俩进行了严厉的批评。“老板，这不是我的错，是张新不小心弄掉的。”陈明趁张新不注意，偷偷来到老板办公室对老板说。老板平静地说：“谢谢你，我知道了。”随后，老板又叫来张新，问：“你告诉我，到底是怎么回事?”张新就把事情的原委告诉了老板，最后，张新说：“这件事情是我的失职，我愿意承担责任。”

陈明和张新一直等待处理的结果。这天，老板把陈明和张新叫到了办公室，对他俩说：“其实，古董的主人已经看见了你俩在递接古董时的动作，他跟我说了他看见的事实。还有，我也看到了问题出现后你们两个人的反应。我决定，张新继续留下来工作，用你赚的钱来赔偿客户，陈明，你明天不用来上班了。”

人们往往对于承认错误和担负责任怀有恐惧感。因为承认错误，担负责任都要接受相关的处罚。人们通常愿意对那些运行良好的事情负责任，却不愿对那些出了偏差的事情负责任。有些不负责任的员工在事情出现问题时，首先考虑的不是自身的原因，而是把问题归罪于别人，总是寻找各种借口来为自己开脱，以此逃避责任。事实上，这些借口并不能掩盖已经出现的问题，这些理由只能让你最终尝到苦果。

对于我们每个人来说，做与不做之间的差距就在于是否勇于担当。

所谓细节决定成败，上班晚来一分钟与早来一分钟并不是个时间概念，就本质来讲，晚来这一分钟就是一种不担当的表现，首先是对自己职业的不担当，更是对自己的不负责。没有做不好的工作，只有不敢于担当责任的人。可以说一个人的成功，来自于他们追求卓越的精神和不断超越自身的努力，来自于敢于担当职责，这已经成为人的一种立足之本，成为求生存求发展的重要能力。一个人生活在这个社会上，责任感是最基本的能力，在职场上，敢于担当是一个人最基本的职业精神。

2. 尽职尽责把自己的工作做到最好

“在其位，谋其职”，就是说无论在哪个职位上，做好本职工作就是自己的职责所在！然而如何才算做好本职工作呢？可以从三个方面来回答这个问题，即尽力、尽心、尽责。尽力就是尽自己所能去做好本职工作；尽心就是要对工作没有任何抱怨；尽责就是要没有任何借口地去工作。因此对待工作，努力不如尽力，用心不如尽心，负责不如尽责。在职场中，对待工作用心、努力、负责是远远不够的，卓越的职场人士都必须尽力、尽心、尽责，三者相辅相成。

吴斌是杭州长运客运二公司的快客司机，跑杭州——无锡线路。2012 年 5 月 29 日中午，他驾驶浙 A19115 大型客车从无锡返回杭州，车上载有 24 名乘客。11 时 40 分左右，车行驶至锡宜高速公路宜兴方向阳山路段时，一块大铁片突然从天而降，击碎挡风玻璃后，砸向吴斌的腹部和手臂。

在杭州长运提供的车内监控中，可以清楚地看到事件的过程：

11时39分23秒，吴斌在正常地开车。

11时39分24秒，一个不明物体从挡风玻璃中飞了进来，像炮弹一样击中了吴师傅的身体。吴斌的手被飞物打中，但他紧握方向盘，保持车辆方向。

11时39分41秒，车速慢下来了，吴斌拉上手刹、开启双闪灯、打开车门疏散乘客。此时，坐在他后面一排的乘客，才反应过来。

11时39分52秒，他解开了身上的安全带，重重倒在驾驶座上。

11时40分左右，吴斌半躺在座位上，不停地移动身体，右手不时抚摸着腹部，看得出来非常痛苦。

在被突然高速飞过来的金属片撞击肝脏时，吴斌仍能忍住剧烈疼痛，用40秒完成了一系列精准的停车动作——脚踩刹车、拉上手刹、打开双闪、艰难站起、通知乘客、打开车门……

吴斌被送到医院时，右上腹部有一道伤痕，内脏出了很多血。手术中医生发现，吴斌的三根肋骨被撞断，大半个肝脏破裂了，肺部也出现损伤。手术中输血量达1万多毫升。由于病情危重，手术后吴斌被送往肝胆外科的重症监护室。吴斌全身多个脏器出现衰竭，肾功能不全，随时随地都有生命危险。医生说，吴斌的肝脏已经像一座被掏空了的山，输入的血已经相当于给全身的血换了一遍，可惜奇迹没有发生。

时间共1分16秒：被击中时的一瞬间，吴斌本能地用右手捂了一下腹部，看上去很痛苦，但他没有紧急刹车或猛打方向盘，而是强忍疼痛让车缓缓减速，稳稳地停下车，打起双闪灯，拉好手刹，最后他解开安全带挣扎着站起来，打开车门，疏散旅客。他回头还对受到惊吓的乘客说：“别乱跑，注意安全。”做完这一切，吴斌瘫坐在了座位上。

这是发生在我们身边的故事。吴斌，一个平凡的司机，2012 年最感动的人物，2012 年最美的司机。他正是用自己的行为，证明了一个优秀员工无论在什么时候都要对自己的工作尽职尽责，把工作做到最好。当他被送到医院的时候，医生说他的肝脏已经像一座被掏空了的山，他之所以能支撑着完成一系列安全规范的驾驶动作，凭的就是他的责任心。他是用责任心创造了奇迹，诠释了优秀员工最伟大的职业责任感。

责任心是一个人干好工作最基本的条件，有了责任心才能在工作中细心、认真，才能使工作避免出现失误，最终圆满地完成工作任务。我们平时的工作都是由一件件小事构成的，一个人的成就也是由一点一滴的小事累积起来的。把每一个环节都做好，并且在平时的生活工作中不断学习累积，积少成多，并总结经验，克服缺点和不足，才能不断进步，不断提升自己的能力。

各行各业，人类活动的每一个领域，无不在呼唤能自主做好手中事情的人。齐格勒说："如果你能够尽到自己的本分，尽力完成自己应该做的事，那么总有一天，你能够随心所欲地从事自己想要做的事情。"反之，如果你凡事得过且过，从不努力把自己的工作做好，那么你永远无法到达成功的顶峰。对这种类型的人，任何老板都会毫不犹豫地将其排斥在自己的选择之外。所以当老板交给你一项重任时，千万不要满足于得过且过的表现或尽了职责的心态，要做就做到尽善尽美。在追求进步方面，不要做得适可而止，一定要做到永不懈怠；在知识能力方面，不要满足于一知半解，一定要做到精益求精，只有如此，才能确保自己高标准地完成老板交代的任务，成为老板眼中优秀的员工。

责任心是指一个人对他人、对家庭和集体、对国家和社会所担负的责任的认识、情感和信念，以及与之相应的自觉态度。责任心与自尊心、自信心、事业心、同情心相比，是所有这些心的核心，没有责任心就不可能有这些所有的"心"。因此责任心是一个人做人、做事的基础。一个敢于负责的人，一定是一个轻松游刃职场的人。

3.

任何时候都不要推托责任

责任就是工作使命。我们常常看到一些员工把工作责任视为儿戏，总是让工作留下缺憾，让别人来修补。一个员工有无责任心，直接关系到他的前途、命运。当你很容易选择推卸责任时，证明你已经有了做错的念头，你就会抱着一种随遇而安的心理去应付工作和老板，但假如当每一次工作降临到头上的时候，你的第一反应是挑战自己，那么你就会以最高度的责任感去把它做到最好，从而使自己在老板心目中赢得信任。一个勤奋敬业的人也许并不能获得上司的赏识，但至少可以获得他人的尊重，那些毫无责任感的人，他们失去的是最宝贵的名誉，所有人都知道他们是不敬业、不负责任的人，没有人会亲近他们，没有人会信任他们，更没有人会重用他们。

我们每一个人都有责任，这些责任是每个人都推脱不掉的。在这个世界上，没有不需要承担责任的工作。你的职位越高，权力越大，肩负的责任就越重，所以不要害怕承担责任，更不要想着推卸责任。但是在职场，推卸责任的现象还是处处都有，尤其是在同事和上下级之间。总有人觉得自己是“受害者“，是别人的失误影响了自己的业绩，是别人没有配合好自己，是别人抢了自己的功劳，抢占了自己应得的利益，却很少有人去想，自己该为工作承担什么责任。

一家食品公司的厂房地势较低，一年夏天，老板出差去了，走之前，他叮咛几位主要负责人：“时刻注意天气变化。”

一天晚上，老板给几位负责人打电话，因为看到天气预报说有雨，担心厂房被淹。但老板一连打了几个电话都打不通，最后打到了财务部经理的家里，让他立即到公司查看一下。

“嗯，马上处理！”接完电话，财务部经理并没有到公司去。他心里想：“这是安全部的事，不该我这个财务部经理管，何况家离公司很远，去一趟也费事。”于是，他给安全部经理打了电话，提醒对方去公司看一下。

安全部经理接到电话时有些不愉快，心里想：“我安全部的事情，不需要你来管。”他也没有去公司，连电话也没打一个，心想反正有安全科长在，不用管它了。

安全科长没有接到电话，但他知道下雨了，并且清楚下雨意味着什么，但他心里想：有好几个保安在厂里，用不着自己操心。于是，手机也关了。

保安们的确在厂里，但用于防洪抽水的几台抽水机没有柴油了，他们打电话给安全科长。科长的电话关机，他们便没有再打，也没有采取其他措施。值班的保安在值班室里睡得很沉，以为雨不会下很大。

到凌晨两点左右，雨突然大了起来，当值班保安被雷雨声吵醒时，水已经漫到床边！他立即给消防队打电话。

消防队虽然来得及时，但由于通知太晚，大部分生产车间都被雨水淹没了，数十吨成品、半成品和原辅材料泡在水中，直接经济损失达数百万元！

事后，每一个人都说自己没有责任。

财务部经理说：“这不是我的责任，因为我通知安全部经理了。”

安全部经理说：“这是安全科长的责任。”

安全科长说：“保安不该睡觉。”

保安说：“本来可以不发生这样的险情，但抽水机没有柴油了，是行政部的责任，他们没有及时买回柴油。”

行政部经理说：“这个月费用预算超支了，我没办法，应该追究财务部责任，他们把预算定得太死。”

财务部经理又说：“控制开支是我们的职责，我们何罪之有？”

老板听了，火冒三丈：“你们每个人都没有责任，那就是老天爷的责任了！我并不是要你们赔偿损失，我要的是你们的态度，要的是你们对这件事情的反思，要的是不再发生同样的灾难，可你们只会推卸责任！”

与其追究是谁犯的错，不如研究如何解决问题。假如我们都主动承担一些责任的话，工作就会顺利得多。即便不是我们的错，而我们却能帮别人一把的话，受益的不是别人，正是我们自己。所以，对人生中所发生的任何事情都要敢于承担责任，这是人格健康的基础。当一个人承担了更多的责任后，他的人个能力就会增强，就会无往不胜。

无论你是谁，无论你的职位是高还是低，请不要推卸责任。在人生中，无需任何借口，失败也无所谓，只要我们敢于承担属于自己的职责，我们就是行得正、站得稳的人，是职场最需要的那种人。

在公司里面，常常有这样一些经理，他们总抱怨老板不授权，权力太小，无法管理员工。可是遇到真正的麻烦时，他们往往会把问题往老板那一交：“你看该怎么办？”这些经理不会去想，他拿的薪水比员工多，权力比员工大，那么问题就应该到他这里为止，不然老板要你做经理干什么？

营销部门的经理A说：“最近销售做得不好，我们有一定责任，但是最主要的责任不在我们，竞争对手纷纷推出新产品，比我们的产品好，所以我们很不好做，研发部门要认真总结。”研发部门经理B说：“我们最近推出的新产品是少，但是我们也有困难呀，我们的预算很少，就是少得可怜的预算，也被财务削减了！”财务部经理C说：“是，我是削减了你的预算，但是你要知道，公司的成本在上升，我们当然没有多少钱。”这时，采购部经理D跳起来说：“我们的采购成本是上升了10%，为什么，你们知道吗？俄罗斯的一个生产铬的矿山爆炸了，导致不锈钢价格上升。”A、B、C异口同声地说：“哦，原来如此呀，这样说，我们大家都没有多少责任了，哈哈哈哈！”

可以预言，一个公司，如果所有的经理都是这种态度的话，那么，这个公司注定要破产。因为敢于负责是任何公司的每一个员工必须具备的品质，失去这点，公司无法壮大，员工不可能提升。

推卸责任不仅是一种不负责任的表现，更是一个人的品质低下的体现。具有优良品质的人，是不会推卸责任的，他会不惜牺牲个人利益、名誉、时间等许多宝贵的东西来承担别人不愿承担的责任。这种人往往会受到同事的尊重、老板的器重；也只有这种人，才能在职场大干一场，尽展自己的才能。

4. 直面问题，积极解决问题

任何一个单位和个人在工作中都会有问题出现。有问题是正常的，没有问题才不正常。当你面对工作中出现的问题时，你的态度是怎样的呢？有人这样评论：一流的员工解决问题，不入流的员工抱怨问题。可见，一旦工作中出现问题就抱怨的员工是大大不受欢迎的。这也说明了一个现实：那些之所以一生无为、不能成功的人，并不是他们的能力有限，也不是没有机会，而是当他们面对问题的时候，选择的是逃避，是退缩。其实世界上根本没有解决不了的问题，只要我们有信心、有勇气去直面问题，并努力想办法，就一定能解决它。

工作中的问题多种多样，有的重要有的不重要；有的容易解决，有的难以解决；有的需要解决，有的需要淡化。只有勇敢面对问题，才能发现我们潜藏的力量，唤醒我们潜在的解决问题的智慧。面对问题的最好办法就是：对问题负责，勇敢地面对问题，开动脑筋解决问题。我们每个人，在公司里存在的作用、存在的必要性就在于：我们在实际的工作中，去解决了多少个这样的问题点。这是个人能力的大小、个人作用的大小的显示。解决自己的问题点，影响别人、领导别人、要求别人去解决各种问题点，则是一种提升，是一种更高一层的能力。领导的人越多，并且能督促别人去真正做事，你的作用、能力也就越大。

在一次企业家论坛会上，主持人问了一位成功的企业老总这样一个问题："在您的企业里，您最怕听到的一句话是什么？您最想听到的一句话又是什么？请将您心中的答案写在题板上。"这时，台下的观众开始窃窃私语，都在揣测究竟是什么话让老总那么害怕，又是什么话让老总那么喜欢。就在大家谈论纷纷时，只见那位老总从容不迫地在题板上写下了这样的两行字——我最怕听到的一句话：老总，这件事该怎么办？我最想听到的一句话：老总，我们一定会有办法，您放心吧！

一句是询问的话，一句是充满信心的肯定回答，这代表了两种态度，也代表了公司里的两种人。前一种人带给老板的是永远无休止的问题，而后一种人带来的永远是解决方法。一般来说企业都存在着这两种人，这位老总的喜好想必也代表了所有企业对员工的衡量与评价。遇到问题时就积极主动地想办法，用自己或团队的智慧和力量将难题化于无形，这样的员工始终是企业青睐的对象，同时，他们也会成为职业道路上的最终受益者。

一个业务员在目标客户的董事长办公室门外请董事长秘书把自己的名片传递给该董事长，希望能面谈。但董事长不接受并要求退回，如是再三，该董事长发怒了，他咆哮着撕掉了这张名片，并从口袋里面掏出 10 元钱，叫秘书对该业务员说，用 10 元钱买下了这张名片，要求他赶快离开。而这个业务员在听到秘书的转述之后，接下钱放入口袋，然后再掏出一张名片递给秘书，并用董事长能听得到的音量说：“对不起，我的名片5元一张，我没有零钱找，就再给你一张吧。”秘书还没有回答，董事长就在办公室里发话，请这个业务员进去面谈了。

我们可以看到，这个业务员用机智解决了问题，给自己创造了成功的机会。解决问题、克服困难不仅要靠机敏的口才，更重要的是，解决困难时要做到多角度思维，及时找到一种恰当的解决方法。每一位员工，也许每天都要面对层出不穷的问题，而问题永远不会自动消失。最好的办法，就是对问题负责，勇敢地面对问题，开动脑筋解决问题。问题并不可怕，它带给你成长的机会，增长你宝贵的经验，帮助你真正实现自我提升。

当问题出现在我们面前时，只有我们勇敢面对，才能找到解决问题的正确办法，才能适应我们的生存和工作环境，才能享受生活给我们带来的无穷乐趣。而逃避不是解决问题的办法，逃得了一时避不了一世，逃得了这里避不了那里，因为到哪里干什么工作都会遇到各种各样的问题，都需要你去面对，世外桃源是不存在的！

蒙牛乳业集团厂区里挂着这样一副对联：“只要精神不滑坡，方法总比问题多。”牛根生说：“在一个单位，不管是领导还是员工，只要有着这样的精神，有什么困难不能克服，有什么问题不能解决呢？”

“方法总比问题多”是一种坚定的信念。我们相信没有解决不了的问题，只有找不到方法的人，对敢于直面问题、并全力去解决问题的人而言，职场是快乐而轻松的。

5.挺身而出，勇敢承担责任

有些员工在面对一项艰巨的任务，或者在执行过程中碰到棘手的问题时，总是担心出现差错被追究责任而缩手缩脚，不是找借口将任务推掉，就是事事请教上司，让上司作决定。一旦出现差错，就竭力推卸责任。他们只做一些没有挑战性的，约定俗成的工作，这些工作简单得几乎不可能犯错。似乎这样他们展示给老板以及同事的形象就是完美无缺的了。实际上恰恰相反，这是一种极不负责任的表现，是缺乏自信和进取心的真实写照，是对执行最大的干扰和破坏。没有一个老板敢把任务交给这样的员工，没有一个同事愿意跟这样的员工合作，他们也最终将成为公司的弃儿。

有资料显示，工作五年以上的受访者，对团队中出现“拖延”和“抱怨”这样的不良现象最为反感。在补充回答中，他们更进一步指出，“推卸责任”是严重打击团队合作的行为。也就是说，上司可以原谅你做错了事，但是不会原谅你做错事还把责任推到别人身上去，因为这显现出你的工作态度以及诚信问题。其实我们在工作中也经常会听到这样的话：“这件事情不是我干的”、“是他让我这样做的”，等等。当然，我们在做错事情的时候人的本能想到的是如何推卸。但是，如果我们一次又一次地推卸自己的责任，换来的将是迷失自己，失去一个个宝贵的赢得尊重的机会。

某公司准备上市，董事会决定在公司执行层设立行政总监。董事长一改以往作风，亲自面试应聘者。一天，董事长秘书打电话请公司总裁去董事长办公室。他进去后发现，董事长和一位应聘者相谈甚欢。董事长问他：这个人做公司行政总监如何？他谈了自己的看法，觉得太能说的人往往言过其实，但董事长力主要用。这个人进入公司后，飞扬跋扈，一年时间不到，和所有部门的关系都搞僵了，最后只有辞职了事。人走了，但公司内部对此事的议论没有完，力主要用此人的董事长为此很郁闷。

这位总裁怎么办呢？按说，他事前已经提醒了董事长，可以说一点儿责任也没有，但他还是给董事会写了一份检查。检查大意是：在这次招聘时，自己违反程序，越过人力资源部直接面试应聘者，是非常错误的做法；看到应聘者有夸夸其谈的毛病，没有向董事会指出，更是错上加错。所以，他请求董事会和董事长批评和处分。

就这样，一个董事长的责任全落到了这位总裁的身上。他完全没有错，也可以对董事长的错误置之不理，但是他没有。他是在董事长骑虎难下的时候写了一份“检查”，将所有的过失揽到了自己身上。正是他的挺身而出，为董事长解决了问题。这不仅是一个优秀员工的出色表现，更是一个人在职场上笼络人心的手段——运用头脑，使自己立于职场不败之地。相信有了这次事情，这位总裁不仅是董事长的助手，还是董事长的好朋友，董事长会放心地把任何事情交到他手上。与上司相处，你更应该懂得多站在他的立场上思考问题，考虑决策。一件事情，或许在你的位置上不算什么大问题，而对于上司来说就非常严重了，这时你勇敢地站出来，承担起这份责任，领导感谢你，自己也不会受到威胁，还有可能加薪升职，何乐而不为？

很多做企业的人都说市场会改变一个人、成就一个人，同样也会使一个人萎靡不振，破罐子破摔。企业骨干、职业经理人，需要具备挺身而出的“亮剑”精神，在关键时刻勇于挺身而出，承担责任。当然，暂时承担责任可能会让你受到委屈，甚至受到伤害，但它对你的磨炼会让你与众不同，从而很可能在成就方面达到他人难以企及的高度。

1980 年 4 月，在营救驻伊朗的美国大使馆人质的作战计划失败后，当时的美国总统吉米·卡特立即在电视上做出声明：

“一切责任在我。”在此之前,美国人对卡特的评价并不高,有人甚至评论他是“误入白宫的历史上最差劲的总统”,但仅仅由于上面那一句话,卡特的支持率一下子上涨了10%以上。

在关键时刻能挺身而出,勇敢地承担责任,这是卡特受到支持的原因,也是一个伟人所具有的优秀品质的表现。

6. 自觉自愿,积极主动找事做

主动工作,就是在没有人要求你、驱使你的情况下,你能够自觉并出色地做好需要做的事情。在竞争异常激烈的时代,被动意味着挨打,主动就可以占据优势地位。我们的事业、人生不是上天安排的,需要我们主动去争取。很多人对工作不满意,抱怨薪水太低、没有发展前途等,总觉得现有的工作不适合自己。特别是工作不久的员工,在单位接触的是一些平平常常的工作,就觉得这种平淡的生活对自己是一种折磨,而自己真是怀才不遇。再看看周围比自己干得好的同学、朋友,跳槽的念头就油然而生。其实,这种想法大可不必。很多时候,只要我们主动一点儿,就会发现自己的工作实际上是大有可为的。还有的人认为,只要把自己的本职工作干好就行了。对于老板安排的额外工作,总是抱怨,从来不主动去做。其实,多做一些工作,不仅可以让你在工作中不断地锻炼自己,充实自己,而且会让你拥有更多的表现机会,让自己的才华充分地表现出来。如果我们总是能让上司领略到喜出望外的感觉,他将会对我们建立起更高的信任与依赖,产生赏识,从而在有限的资源分配中向我们倾斜。对于有积极心态和主动做事的人来说,“机会空间”的大门从来都是敞开的。

只有率先主动，才会让雇主惊喜地发现你实际做的比你原来承诺的更多，你才有机会获得加薪和升迁。如果你只是尽本分，或者唯唯诺诺，你就无法获得额外的报酬，你只能得到属于你应得的那一部分，当然，这比你想象的要少。机会空间来自于主动，主动的人是最聪明的人，是团队中最好的伙伴，是人人都想交往的朋友。我们永远要记住，主动精神是最好的老师。在面对困难时，可以帮助你的是你的主动精神，而不是运气。

一个人最可怕的不是缺少知识、没有优点，而是缺乏积极主动的心态。一个缺乏积极主动心态的人，工作对他来说只是一个可以养家糊口的手段，甚至成了一种负担，他也根本没有做到工作所要求的那么多、那么好，他没有在工作中投入自己全部的热情和智慧，只是在机械地完成任务，不是主动地、创造性地工作。

彼得和查理一起进入一家快餐店，当上了服务员。他俩的年龄一般大，也拿着同样的薪水，可是工作时间不长，彼得就得到了老板的褒奖，很快被加薪，而查理还是在原地踏步。面对查理和周围同事的不满，老板让他们站在一旁，看看彼得是如何完成服务工作的。

在冷饮柜台前，顾客走过来要一杯麦乳混合饮料。彼得笑着对顾客说："先生，你愿意在饮料中加入一个还是两个鸡蛋？"顾客说："哦，加一个就够了。"这样，快餐店里就多卖出一个鸡蛋，而这个鸡蛋通常是要另外收费的。

看完彼得的工作后，经理说："据我观察，我们大多数服务员是这样提问的：'先生，你愿意在你的饮料里加一个鸡蛋吗？'而这时顾客的回答通常是：'哦，不，谢谢。'对于一个能够主动发现问题、主动完善提高的员工，我没有理由不给他加薪。"

工作需要自觉自愿，当你对工作充满热情的时候，大都会有这种自觉的行为。你会在工作中不断地找一些也许不是自己分内的事来做，以便不断提高自己的能力，同时，在这种状态下工作，你的心情是愉悦的，行为是毫不做作的。职场中，只知机械完成工作的“应声虫”，老板会对他视而不见。对于老板来说，只有那些能够准确掌握自己的指令，并主动加上本身的智能和才干、把指令内容做得比预期还要好的人，才是他们真正要找的人。当然，这种人的主动只是体现在老板指令的基础之上的，还多少带有被动的痕迹。在竞争激烈的现代职场，这样做已经显得不够了，更进一步的要求是，不等老板交代，便主动去做自己的事情，并且还能出色地完成，这也是保住和巩固自己位置的好办法。

具有强烈进取心的员工，在进取心的驱使下，他总是积极主动地去做好本职工作，在闲暇之余，他还会去做一些力所能及但不属于自己工作范围的事情。因此他工作时，不会有压抑感，而是享受工作带给他的乐趣，有一种非常愉悦的感觉。此时，他所从事的工作，已经不再是原来意义上的那种工作了，而是成为了一种非常有趣的游戏。

这个世界会为那些具有真正的使命感和自信心的人大开绿灯，直到生命终结的时候，他们依然热情不减。无论出现什么困难，无论前途看起来多么暗淡，他们总是相信自己能够把心目中的理想蓝图变成现实。

如果你不能将自己全部身心都投入到工作中去，如果你不能主动积极、自觉自愿地去做一些力所能及的工作，无论你在什么岗位都可能沦为平庸之辈。

7. 以高度的责任心赢得大家的信任

信任和尊重是人际关系中的钻石。对一个有尊严的人它们又好比就是空气和阳光，须臾不可缺失。受到尊重、被人信任体现的是一种人生价值，失去信任、不被尊重意味着人格遭到了否定。有尊严的人不仅要学会主动去尊重和信任他人，更要首先从自己做起，努力成为一个可信可靠的人。你可以不是一个能力巨大的人，但是必须得做到“有诺必行，行必尽力”。怎样才能让自己得到同事的信任呢？当然是高度的责任心。一个对自己、对工作有责任心的人，在任何时候都会尽自己的努力来做好眼前的每一件事情，在职场，因为有了高度的责任感，把公司的事情当成自己的事情来做，把工作当成事业对待，任何时候都不小瞧自己工作的重要性，不管自己的职位高低，薪水多少。这种人，在领导眼里是优秀的好员工，在同事眼里，是值得信任和尊重的好伙伴。

一个普通的省级技校毕业生，入厂后尽快熟悉本岗位的工作，做到按劳取酬，这就够了吗？王越文从一进入一家拥有1000多人的工厂就开始反复在心里考虑这个问题。看到其他员工仅仅满足于做分内的事，工作之余便潇洒地享受生活，他暗中告诫自己：不能这样混日子！于是，在苦练技术完成本职工作之后，他有意识地到其他工序进行摸底，主动了解企业的基本运作，这里看一看，那里帮下忙。不明白的就虚心地请教，没事儿的时候就琢磨一阵子。见到他成天把心思用在工作上，同伴们都笑他蠢，可他不在乎，照样到处转，认真干。时间一长，他成了无可挑剔的技术好手。了解了企业的生产工艺和操作规程等知识后，他又做起了工厂的义务监督员。发现质量不过关的产品或是存在安全隐患的现象他就直接指出来，也不怕得罪人。由于他责任心强，多次避免了安全和质量事故，工人们也由不理解到受到感召，工厂步入了安全文明优质高效的良性生产轨道。

王越文从一个省级技校毕业，在拥有1000多人的企业中工作仅一年多，就成为了技术好手，并得到员工们的一致拥护，那么，他凭什么来赢得老板的信任和员工的支持呢？凭的是高度的责任心。因为有了高度的责任心，工作在他看来是一种享受，是一种乐趣，更是一种进步。也是凭着这种高度的责任心，王越文取得了大家的信任，在他的影响下，全厂人都开始认真工作，力求上进。

有高度责任感的员工应该是认真地对待工作，百分之百地投入工作，从来不投机取巧，也不耍小聪明的员工。工作就意味着责任，岗位就意味着任务。如果一个人，无论是在基层的岗位上，还是在重要的职位上，都能秉承一种负责、敬业的精神，一种服从、诚实的态度，并表现出完美的执行能力，那么，在这个圈子里，他是领导的最佳选择，走出这个圈子他还是任何一个单位领导的最优选择。因为他完全取得了领导的信任，领导相信他有能力，会尽力做好任何事情。

爱默生说："责任心具有至高无上的价值，它是一种伟大的品格，在所有价值中它处于最高位置。"

一个孩子和妈妈一起去看马戏表演，见到那些在空中飞来飞去的人抓住对方送过来的秋千，百无一失，孩子佩服极了，觉得他们在空中飞来飞去就像天使一样。

"可是，他们这样很有危险的，他们不害怕吗?"孩子问妈妈。

前面有一个人转过头来轻轻地说："孩子，他们不害怕，他们晓得对方靠得住。"

靠得住，这是对一个值得信任的人的最高评价。靠得住是做人的一种素质，也是一种智慧，更是做人的一面金字招牌。靠得住，才能被人信任，被人信任才能获得机会，有机会才能展现和锻炼自己的能力，有能力才能创造一番事业，才能走向成功的道路。

谁都想出人头地，做一番轰轰烈烈的大事，但是，一个人能否成大事是由众多因素决定的。其中，可靠、处处受信任是至关重要的基础部分，而这个基础部分又是由一个人是否有高度的责任心来奠定的。一个不讲信用、做事不负责任、说话不算数的人，不可能通过这一关。作为一名员工，我们既然进了公司，首先就要认真学习，搞清楚自己所属岗位的职责，要勤奋工作，兢兢业业，扎扎实实，做每一件事都要持之以恒，坚持到底，按时、按质、按量完成任务；要能主动处理好分内与分外的相关工作，有没有人监督都要一样地完成工作任务，做任何事都要从大局出发，以工作为重，把公司的利益放在首位，维护公司的形象，无论做任何事都要想到自己是公司的一员，自己的一言一行都代表着公司的形象，从而树立自己的良好形象，赢得领导和同事的信任。

8. 勇于负责让你青云直上

现实社会中不是工作离不开人，而是任何一个人都离不开工作。你对工作的态度就是你对人生的态度，你在工作中的表现就是你在人生中的表现，你在工作中的成就就是你在人生中的成就。所以，如果你对自己的人生负责任的话，那就要在工作中勇敢地负起责任来。当你觉得工作越来越难做，领导对你越来越不重视的时候，请不要先对别人的态度发牢骚，想想自己："我的行为，我的态度是不是做到了让领导满意，让同事认可？"如果没有，那么，我们不妨从自身的原因查起，为什么领导不信任你？为什么同样的工作别人做起来顺心如意，而你却觉得越来越难？领导的信任建立于你的责任之上，面对工作，面对职责，你总想推卸责任，领导自然就会把公司的重任交给另外一些他认为值得托付的人，为他们创造更多的成功条件。

乔治到一家钢铁公司工作还不到一个月，就发现很多炼铁的矿石并没有得到完全充分的冶炼，一些矿石中还残留没有被冶炼好的铁。他想，如果这样下去的话，公司岂不是会有很大的损失？

于是，他找到了负责这项工作的工人，跟他说明了问题，这位工人说："如果技术有了问题，工程师一定会跟我说，现在还没有哪一位工程师向我说明这个问题，说明现在没有问题。"乔治又找到了负责技术的工程师，向工程师说明了他看到的问题。工程师很自信地说："我们的技术是世界上一流的，怎么可能会有这样的问题？"工程师并没有把乔治说的看成是一个很大的问题，还暗自认为：一个刚刚毕业的大学生，能明白多少，不会是为得别人的好感而表现自己吧？

但乔治认为这是个很大的问题，于是拿着没有冶炼好的矿石找到了公司负责技术的总工程师，他说："先生，我认为这是一块没有冶炼好的矿石，您认为呢？"总工程师看了一眼，说："没错，年轻人，你说得对。哪里来的矿石？"乔治说："是我们公司的。""怎么会，我们公司的技术是一流的，怎么可能会有这样的问题？"总工程师很诧异。"工程师也这么说，但事实确实如此。"乔治坚持道。"看来是出问题了。怎么没有人向我反映？"总工程师有些发火了。总工程师召集负责技术的工程师来到车间，果然发现了一些冶炼并不充分的矿石。经过检查发现，原来是监测机器的某个零件出现了问题，才导致了冶炼得不充分。公司的总经理知道了这件事之后，不但奖励了乔治，而且还晋升乔治为负责技术监督的工程师。总经理不无感慨地说："我们公司并不缺少工程师，但缺少的是负责任的工程师，这么多工程师就没有一个人发现问题，而且有人提出了问题，他们还不以为然。对于一个企业来讲，人才是重要的，但是更重要的是真正有责任感的人才。"

一名新员工，不仅能发现问题，还勇于提出问题，直面解决问题，这是乔治很快升职的原因。既然我们来到了公司，不管是新员工还是老员工，只有对自己的工作担负起责任，才能有机会赢得上司的青睐，就像乔治一样青云直上。一些员工甚至包括个别在公司工作了几年的老员工，遇事就躲、推、烦。很显然其责任心严重缺失。其实，一名员工能力再强，如果不愿意付出，他就不能为企业创造价值。而一个愿意为企业全身心付出的员工，即使能力不是顶尖儿的，也能够创造出最大的价值来。一个人是不是人才当然重要，但最重要的应该是，这个人是不是愿意把能力和责任挂上钩。

有这么一句话："挂在嘴上，不如记在心上，记在心上，不如担在肩上。"如果有人问你："你认为什么样的员工才是你心目中最理想的员工？"你也许会说："有创意的员工、会工作的员工、善于学习的员工、适应能力强的员工。"但我们要说的是——敢于承担责任的员工才是最理想的员工，才是值得尊敬的员工。这种员工，也是在公司获得机会最多的员工。

任何一个公司都希望自己的员工不光有过硬的专业技术本领，还要有认真负责的工作态度，这才是最关键的。如果能力不够，可以培养，态度不够则不能用。当然负责任的精神不是天生的，对大多数人而言，负责任的精神是需要培养和锻炼的，这种培养和锻炼的起点就是迈入职场的那一刻。从你的第一份工作开始，就对工作认真负责，总是能积极主动地工作，这样经过一段时间，负责任便成了一种自然而然的习惯，即使到了其他职位上你也会一如既往。不管是在生活中还是在工作中，负责任的精神都是不可或缺的，它将会使你终身受益。

把责任作为一种生活态度是最好的，这样，你既不会觉得责任会给自己带来压力，也不会因为承担责任而觉得别人欠了你什么。尤其是当责任由生活态度成为工作态度时，工作对于员工自身的意义就不仅仅是赚钱那么简单，员工也就不会因为公司的规定而觉得自由受到了羁绊，更不会做出损害公司利益的事。

负责任的人总能在工作中学到比别人更多的经验，而这些经验是你向上发展的基石，当你以后到了其他地方、从事其他行业时，你勇于负责的习惯也必会助你一臂之力。如果你的能力一般，负责任可以让你快速成长；如果你十分优秀，负责任会将你带向更成功的领域。可以说，你会一路青云直上，很快达到你想要达到的高度。

第六章

谦虚谨慎，低调做人：不怕低头才能最终出头

古语有言："满招损，谦受益。"谦就是低调，虚就是自知不足。谦虚谨慎地做人，才不会失去人缘；谦虚谨慎地与人交往，才不会失去知己；谦虚谨慎地工作，才能做出成绩。只有自知不足，才能不骄不躁，才会低调内敛；只有行事谨慎，才能懂得自省不足，见贤思齐，从而不断进步，最终成为一个站在高处的人。

1. 要想“高人一筹”，先学“低人一等”

成功的人虽然让我们羡慕，但我们从他们走过的脚印可以看出，他们一定有过坎坷和屈辱，他们也一定有过“低人一等”的经历，只不过是他们不甘于现状，不甘于人下，比常人付出了更多的努力，然后才达到山顶的。

“低头”也就是我们平时所说的低调做人。低调做人意味着你放弃了许多架子，放弃了许多充大、装相、张扬和卖弄的虚荣表现，放弃了许多假正经、假道学、假圣人的虚伪面孔。同事、部下、朋友都可以够得到你了，都可以与你平起平坐了，这就使你能与大家有更多的机会相互沟通、相互融和。不管是做人还是做事，不管是在哪个单位，也不管自己的职位重要不重要，我们都要先学会“低头”，只有会低头的人才会看见脚下的坑洼，才会小心地前行人生的每一步，避开掉进泥塘的危险。

为人以高调自居的人，大多目空一切、妄自尊大、独断专行、飞扬跋扈；而为人低调的人大多谦和忍让、谨慎小心、宽容大度、心平气和。任何一个胸有大志的人都不会在意在某一些时间“低头”，更不会因为一时“低人一等”而懊恼，在他们心里，自信常在，希望常在。眼前的“低人一等”正是为了将来能“高人一筹”，所以一切都能坦然接受。

两只大雁与一只青蛙结成了朋友。秋天来了，大雁要飞回南方，它们希望青蛙与其一道飞上天，青蛙灵机一动，让两只大雁衔住一根树枝，然后自己用嘴衔在树枝中间，三个好朋友一齐飞上了天。地上的青蛙们都羡慕地拍手叫绝，问：“是谁这么聪明?”那只青蛙只怕错过了表现自己的机会,于是大声说:“这是我……”话还没说完,青蛙便从空中狠狠地摔下去了。

这只幸运的青蛙算是“高人一筹”了,然而,还没等它享受够这种“高人一筹”的滋味,就重重地摔下来了。青蛙的失败在于急于表现自己,想让人们都知道自己的聪明才智,这才一落千丈。如果它能保持低调,让自己稳稳地继续飞行,也许它就真的成功了。当然,这只是故事,人们为了说明道理而编写出来的,但是它的意义实在是值得我们深思。低调做人是一种生存的大智慧,是一种韧性的技巧,是做人的一种美德。有这样一副对联,上联是:做杂事、兼杂学、学杂家、杂七杂八尤有趣;下联是:先爬行、后爬坡、再爬山,爬来爬去终登顶;横批是:低调做人。此联形象地道出了低调做人的真谛。

低调做人是做人成熟的标志,是为人处世的一种基本素质,也是一个人成就大业的基础。向日葵在籽粒尚不饱满的时候,镶嵌着金黄色的花瓣,高昂着头,随着太阳的升起和降落,摇来晃去,唯恐别人看不到它。一旦籽粒饱满,它便会低下沉甸甸的头,因为它成熟了,充实了。

杜小娜大学毕业后,在一家贸易公司干了三年,从一个没有任何工作经验的青涩大学生成长为业务熟练、性格沉稳的资深员工。为了拥有更广阔的发展空间,她决定跳槽。通过网上的招聘,一个实力雄厚的大公司成为了她的新东家。

那天,杜小娜跟贸易公司的老总提出了辞职,并根据自己三年的细心观察和体验,针对实际情况给公司提出了一些建议,老总听得很认真,也很感动。一个另谋高就的人,临走之时还对公司的事务这么上心,非常可贵。杜小娜没有急于在公司里张扬自己要跳槽的事,她不想让公司的同事因此产生情绪波动。距杜小娜离职的日子越来越近了,这段日子,她每天早去晚归,就是想站好最后一班岗。

根据公司的规定,辞职三个月才可以走。可由于杜小娜提前培养出了顶替自己工作的接班人，还把工作打理得井井有条，领导便获准她提前离开，临近年终，还把她的年终奖金提前发放了。

杜小娜的“新东家”要求她报到的时候，要带上原单位领导给出的鉴定。老总听说后，非常配合，鉴定里字字句句都是真诚的褒奖。

尽管“新东家”实力雄厚，杜小娜走的时候还是保持了低调。她不想给别人留下“得志”的印象，她始终信奉“做人低调、做事踏实”的原则。

按照杜小娜与老总的约定，在这个周五下午的例会上，老总将会公布她辞职的事情，同时，让杜小娜宣读她的感谢信。

杜小娜的辞职让大家很意外，但是，她的感谢信让每个人都感到了温暖。以至于她读感谢信的时候，好几次都被大家热烈的掌声打断。老总对杜小娜说：“如果以后干得不开心了，就回来，这里永远是你的家，没事的时候，常回来看看啊。”杜小娜连连点头，心里暖暖的。

从大公司招聘到杜小娜成功辞职，她算是“高人一筹”了。因为她的低调、谦虚谨慎，让同事和上司都接受了她辞职的事实，并且大力支持她，这不光是她的幸运，更是她低调做人的结果。中国民间有句非常贴切的谚语：“低头是谷穗，昂头是谷秧。”低调是立世的根基。低调做人，不仅可以保护自己，使自己与他人和谐相处，患难与共，更能使自己暗蓄力量、悄然潜行，在不显山露水之中成就伟业。

低调做人的人相信：给别人让一条路，就是给自己留一条路。要想赢得成功，赢得世人的敬仰，就必须学会低调做人。

2. 能力越强越需要谦虚

对于企业来说，人才是很重要的，尤其是竞争异常激烈的今天。作为一名企业员工，提升自我能力也就显得尤为重要，因为能力在很多时候是一个企业能不能发展的关键。在竞争和能力提升的同时，作为职场人，骄傲自大是大忌。无论你有着多强的实力，谦虚很重要。因为谦虚并不会贬低自己的身份，相反谦虚更能显出你的人品。你的谦虚，可以让你的潜在敌手感触高尚与强大，由此让他人自觉对你增添好感。这种好感，会为你在职场上打扫前进的阻力，可以在别人的"忽视"中一步一个脚印地进步。这就如同"龟兔赛跑"童话里，谦虚的乌龟最终战胜了骄傲的兔子一样，爬得慢，但会第一个到达终点。

"才高而不自诩，位高而不自傲。"这是能力强的人一定要懂得的道理。只有这样，才能在职场受到欢迎，才不会因为自己的才能而招人嫉妒，才不会使原本顺坦的道路布满荆棘。

俗话说："不招人嫉是庸才。"但这句话只不过是合理化"骄傲"的借口，作为年轻有为的职场人，不管能力多么突出，都要避免得意忘形，不断提醒自己：人愈"红"，愈要留心自己的行为举止，愈要谦虚谨慎。

2008年，美国总统大选如火如荼地进行着，两大党派针锋相对，奥巴马和麦凯恩被推到了政治的风口浪尖。奥巴马已经赢得了大量精英支持者，没有人站出来戳他的脊梁骨。于是对方就在奥巴马的一次违章停车上做起了文章，指责他不是个奉公守法的好市民，哪堪一国之重负？此时，获诺贝尔奖的贝克教授站出来说："多数情形，人们犯规甚至犯法，并不是因为当事人很坏，是个坏蛋。相反，那完全是理性选择的结果。"贝克教授用自己的权威成功地为奥巴马解了围，让奥巴马很意外，因为他完全不认识贝克教授。这是怎么回事？原来这里面有一个小故事：一天奥巴马去纽约市主持一个会议，因为塞车眼看就要迟到了，和他一起到达停车场的是个老人，他们几乎同时看到了这个唯一的车位。老人说："年轻人，你的工作更重要，你先停吧。"奥巴马将车退了出来，做手势让老人停了进去，说："我没有什么重要的事情，还是您先吧。"这样为了开会不迟到，奥巴马就只有将车停在了外面并接受罚单。

这个老人就是贝克教授。

如果奥巴马毫不谦虚地认为自己在做的事才是最重要的，去争夺这个车位，那他就永远也得不到贝克教授的声援，也就可能永远和总统这个角色失之交臂。可见，即使你是这个国家最伟大的人，你也要具有谦虚的品质，因为你的低调，在不经意中的点滴行为就有可能成为你成功的基石。

很多人眼中的强者，只是一种强势，他们在发挥优点的时候，弱势依然还是弱势。在赛场上，谁能发挥出自己的强势，谁才能赢得这场比赛。然而做人却并非如此，做人不仅要体现自己的优势，还要摆正自己的弱势，体现自己对于别人的关爱、友好、认可和理解。承认别人，是对别人价值的尊重，能带给他们自信的力量，也就是用亲和力去解决实际的问题，用自己对于别人的正视，去改变别人对于自己的态度，是成就事业的必由通途。体育比赛只能体现人的竞技能力，这是成名之道，是成功之道，但绝对不是王者之道。争名夺利只能让你在名利之间徘徊，但是要想成就一番事业，真正考验一个人的，不是自己能力有多强，本领有多大，而是一种协调人事关系的能力。对于老板来说，那是一种道德能力、整合能力、组织能力；对于普通员工来说，那是一种处世能力、应对人际关系的行为能力。

从古到今，因为自己强大而更加谦虚谨慎的人数不胜数。刘备看起来比诸葛亮弱小，智力能力绝对比不上诸葛亮，但是却能使其仰目并肝胆相照地效劳；关羽张飞武艺高强，绝对都在刘备之上，但是却甘愿与刘备做生死知己。所谓知遇之恩，鱼水之情，并不是为了体现自己比别人强大，而是体现自己对他人的敬畏和仁爱。在这方面，刘备是最有实力的，但也是最低调的人。因为谦卑，所以才赢得了众人的敬仰。

多数领导总是愿意显示出在处理一切重大事情上自己都比其他人高明。所以处于职场的你，不要自以为是地认为自己总是聪明过人的，更不要处处表现得比别人更有本领，哪怕你是真的比别人有本领，也要低调再低调，让自己以一个谦虚好学的姿态出现在众人面前，否则，你会招到同事和上司的嫉妒，陷于尴尬境地。因为大多数人对于在运气上被人超过并不太介意，却没有一个人（尤其是领导人）喜欢在智力和能力上被别人超过，而你时常流露出的聪明和超人的才气会让别人产生不悦。因此，在工作中特别是显示能力的地方，绝对不要哗众取宠，这样于你是大大不利的。

谦虚是一种心境，待人谦虚者能欣赏到更多的花香；谦虚是一种修养，时时谦虚者会得到更多的守望；谦虚是一种智慧，懂得谦虚者定会对人生有着透辟的认知。“满招损，谦受益”，人生路上并非坦途，保持平和谦逊的态度，做一名谦谦君子，会让你赢得好人缘，坐拥成功！

3. 风头越劲越应当低调

很多人在初入职场时都会小心翼翼，谦虚谨慎，生怕工作中有丝毫的差错，也生怕得罪身边任何同事或者上司。他们知道，初入职场，低调做人是必须的，只有这样，才能更进一步地使自己成熟，被同事接纳，让领导欣赏。几年过去，新人变成了有资历、有经验、有人缘的老员工。这时，机会成熟了，于是，升职加薪一样一样地来了，可谓是职场得意。这时候，许多人把握不住自己了，开始变得骄横，自以为是，开始看不惯身边曾是朋友的同事，时不时地利用自己的职权找点差错，以显摆自己的“权力”。还有的人，因为身边有了竞争对手，于是忘记了初入职场时的那份厚道，开始在背后做小动作，以期达到自己的目的，到最后，却是一手把自己拉回了原来的位置，后悔不及。

小康刚到一家商业公司时，感觉新鲜无比，他有才华，写得一手的好文章，嘴巴也很甜，人长得又帅气，一时间，他竟然成了众人眼里的“绩优股”。不到一年时间，他便坐上了办公室主管的位置，他的职位仅次于主任与副主任。他眼光高、气质傲，在众人面前夸下海口，通过一年的努力，一定要爬上主任的宝座。果然机会来了，一年一度的竞争上岗，主任要因病早辞，总经理准备在办公室十几个职员中选中一位出类拔萃的人物担当主任的角色。

楚歌比小康早来一年时间，口碑极佳，能力尚可，无背景关系却与其他部门人员的关系风生水起，比小康有过之而无不及。小康只是比楚歌口齿伶俐些，反应也灵敏罢了，并不具备绝对胜选的条件。小康分析了这些要素后，感觉心中没底，如果按照现在的条件来比，主任的位置一定非楚歌莫属，除非他有个人作风或道德问题。

小康开始别有用心起来。他利用业余时间，开始打听楚歌的不良信息，用各种渠道，举报楚歌的许多不良行为，包括他有同性恋的嗜好也大白于天下，公司领导十分震怒，认为这是有人在故意造谣生事，破坏大好的团结局面。公司领导暗中走访，终于将矛头指向了小康。小康走到了风口浪尖上，最后被辞退了。

其实升职并不是什么天大的事，从公司来讲，就是多了一个有能力的人帮助公司解决更多的问题；从个人来讲，只不过是肩上多了更重的担子。偏偏有的人为了升职而采取一些极端的手段，结果毁了自己的前程。就像小康，本来是公司里的“红人”，自己也分析得出来别人的竞争力并不比他强，如果他保持低调，认真做好自己的工作，注意与同事的关系，我想，这个职位他还是有希望的。可是他不这么想，于是误入歧途，别说是做主任，就是员工也没得做了，机会永远失去了。

我们再来看另外一个故事。

某公司副总裁是打工出身，上世纪九十年代初，高考落榜的他南下深圳打工。开始的时候，作为普通员工在车间流水线上工作，因为给公司提了几条合理化建议，在不影响产品质量的情况下简化了两条生产程序，为公司节省了可观的生产成本，得到了总裁的赏识，于是被调到公司的质检科上班，工资一下子翻了一倍。面对以前并肩工作的车间工友们的羡慕，他没有一点儿得意的神色，也没有疏远大家，周末休息的时候依然主动来找大家一起喝酒、一起逛街、一起打扑克。要好的工友生病的时候，他依然抽时间探望甚至是陪床。这让大家很是感动。后来，他被提拔为集团副总裁，如果他想批评哪个下属，他就请这个人在集团附近的小酒馆吃饭，边喝酒边批评，然后让对方换位思考自己作为领导的难处。

那年冬季，因为一个车间发生火灾，大火虽然及时被扑灭了，但是受灾损失依然高达几百万元，并且因为安全事故，有关人员受到了主管部门的严厉批评。副总裁是主管生产的，车间出了火灾，他自然有着很大的责任。总裁一生气，干脆把他撤了，其实，就是“晾起来”了，没有任何职务，但是工资照样发。

让总裁没有想到的是，当年年底，公司评选优秀领导时，已经被撤职的副总裁居然以高票当选。已经没有职务的人居然被大家选为优秀领导！总裁在惊诧的同时不得不重新“打量”前副总裁的人格魅力。撤职后三个月，副总裁又官复原位。

可见，要想做好一个职场人，特别是一个成功的职场人，随时做到低调做人是多么重要的事情。不管职位升得多快，还是把自己当成一个普通的员工对待，不管薪水多高，理解身边的同事并帮助他们，这些都是一个成功职场人的表现。这位副总裁做到了，不光是在升职得意的时候做到了，就是在被撤职期间，同样也做到了低调，于是得到了广泛的人缘和支持，这是他成功的秘诀。

很多人之所以失败，都是因为在风头越劲的时候表现得不够低调，不够理智，以为越是表现自己的能力出众，就越是能够被人接受。其实不然，能力的表现固然很重要，但更多的企业更愿意接受那些又有能力同时又能保持低调的人。

4.

保持低姿态更能获得认同和支持

香港巨富李嘉诚常说：“做人要尽可能地保持低调，以免树大招风。如果你始终注意不过分显示自己，就不会招惹别人的敌意，别人也就无法捕捉你的虚实。”所以，低姿态的方式不仅仅是一种手段，也是一种态度。你越会充分地运用这种方法，就越有可能赢得上级的心。

美国总统林肯就是这方面的表率。年轻时他与上司关系并不融洽。为了改善上下级的关系，他得知上司很喜欢读书，他便三番五次地向其请教学问。由于他摸到了上司的爱好，并能虚心讨教，一来一往之间，那位上司也改变了对林肯的成见。林肯在后来仕途上的进步，也得到了那位上司的大力支持。

要想取得成功，不仅要不断地提高自己的能力和品德修养，更要明白低姿态才是最好的道理，低调做人、踏实做事才能赢得别人的尊重。一些人自大往往不是没有缘由，自大的人总有一些突出的特长，这些突出的特长，使他们较之别人有一种优越感。这种优越感达到一定程度，便使人目空一切，飘飘然不知天高地厚。这时候，身边的人会渐渐离他而去。任何人都会乐于与自己尊重和认同的人成为朋友，并使之成为自己的人脉。而以此构建的人脉资源网络，会对一个人的成功提供难以估量的助力。许多研究者发现，“认同”是人们之间相互理解的有效方法，因为认同，他人会支持你，帮助你，不计回报。

当初，小苏找工作时抱着非五百强企业不去，非管理层不干的态度，导致求职处处碰壁，因此一毕业就失了业，在家里待了大半年。其间，几乎所有的博士同学都步入了工作岗位，虽说他们的收入也未达到当初为自己设下的标准，“但是有一定的工作积累总好过‘家里蹲’吧。”一位昔日的同窗好友这么告诫小苏，“你呀，也别整天想着自己是个博士，这个不做那个不干的，得先让企业有一个机会了解你，知道你有真才实学才行啊。”

一语惊醒梦中人，之后小苏调整好了心态，索性收起自己的博士文凭，而只拿出本科的文凭，结果很快被一家电脑公司聘用了，领导让他做一些简单的电脑操作。当然由于是新人的缘故，老板也让他处理一些办公室杂事，并要求他协助其他同事共同完成一些项目。对此，小苏没有任何怨言，老板当初给小苏的工资比一般本科生还略逊一筹。但是小苏却干得很认真，每次加班总会发现他的身影，几个月下来，公司上下都很喜欢他。

小苏在公司的半年小结中发现了一些公司内部程序上的错误并向老板提出。老板的眼睛是雪亮的，为他升了职，让他享受研究生的待遇。不久，老板发现他的程序设计和经营管理水平明显比公司其他管理人员和专业人员高出一筹，感到非常奇怪。此时，小苏终于亮出自己的博士底牌，老板先是一惊，怪自己这么久以来大材小用了，决定重金聘用他，让他负责全公司的业务运作。

以退为进，由低到高，这也是一种自我表现的艺术。人不怕被别人看低，怕的恰恰是自己把自己看低了。在必要的时候，可以暂时藏起“高”来，退一步比进一步更重要，因为你可以重新找到一条生活的出路。就像这位博士，老板不断地与之接触与了解，不断地发现他的过人之处，远比他自己拿出一堆证件来告诉老板自己是如何如何优秀效果好得多。首先在老板的印象里，他是一名普通不过的大学生，没有什么特别的本事与专长，所以在发现他是真正的人才的时候，老板的反应是惊喜的，加薪升职也就顺理成章了。

小蒋大学毕业后去了英国一所大学留学，获得硕士学位的他回到国内开的月薪只有800元。如今已坐上副总经理的他当然月薪已远远不止800元，而他已从当初的小职员成为了现在公司老总面前的红人。

回顾当初回国时的低工资就业，小蒋并不后悔当初的选择。他说，自己那时虽说是个留学回来的海归，但工作经验一栏却是空白，从大学到硕士生，自己一直都在读书，尤其离开大学到国外留学的几年，更是对国内的一切都非常陌生。因此，自己当初堂堂海归月薪800元也并无遗憾，自己也是在向公司学习经验。

如今，小蒋已是一家知名公司的副总经理，月薪也从当初的区区800元升到逾万元。小蒋觉得自己最初的低工资就业磨炼了现今的坚强的意志，心态也逐渐成熟和平衡了许多，他感到那段经历是非常有意义的，让自己终身受益。

放低姿态，不是让你消极地掩藏自己，不是让你对任何事情都保持沉默，而是让你学会在任何情况下都能认清自己，从容面对生活工作中所发生的事情。一个自大的人只会把人际关系弄得一团糟，之后很难在职场中与他人建立起良好的关系,而良好的人际关系又是职场中最不可缺少的。有了良好的人际关系,才可能得到同事的支持,有了良好的人际关系,才能在职场上最大可能地发挥自己的才能。放低姿态,不仅能让你减少许多不必要的争执,给成就增添光彩,还能使你给别人留下一个神秘深沉的印象,让人产生更多想要接近了解你的欲望。

5.

放下“身架”才能提高“身价”

“地不畏其低,方能聚水成海;人不畏其低,方能孚众成王。”世间万事万物皆起于低,成之于低。低是高的发端与缘起,高是低的转换与演绎。低调做人正是一种终成其高、必成大器的哲学。

低调的表现有很多种,其中一种为“放下身架”。身架,是一个让人既爱又怕的词语。因为拿起它便能为自己赢来身份上的认同和尊重,但同时也可能招来别人的妒忌或是不屑。而放下它则多数人又心有不甘,似乎自己的成功别人看不到一样,结果往往是,感性战胜理性,很多人宁愿要身份也不理会他人的反感。于是一个个都端起了架子,名人有名人的架子,富人有富人的架子,学者有学者的架子,甚至那些根本端不起架子的人也要大模大样地摆出一副虚无的架子。

实际上,如果一个人懂得放下身架,反而能大大地提高自己的身价。因为这样更能体现出他的顾全大局,谦虚温和,强而不争,高而不傲,这种人是很受欢迎的。

摆架子必然会伤到别人的自尊心,使别人产生怨恨的情绪。如果不幸遇到一个有心机的人,也许他表面不会直接发泄,却会在暗地里偷偷地伸出一条腿绊住你。只有懂得放下架子,才是有德有才的重要体现 ,能使你赢得更多人的拥护、支持和信赖，同时也会使你的力量和机会都获得成倍的增长。

俗话说“牛大马大值钱，人架子大了不值钱”。人们普遍瞧不起逞威风、摆架子的人。那些热衷于摆架子的人，总是希望别人对自己敬畏三分，被别人一直捧着、哄着，却不知正是这样，自己的人生道路会越走越窄。其实，身份和地位不是制造出来的，而是被别人捧起来的。

放下身架，绝不会使高贵者变得卑微，相反，却更能增强周围的人对他的敬重。可以毫不夸张地说，能够放下身架的人，都是一个有内涵的人，他们的思考富有高度的弹性，不会唯我独尊，不会视别人为空气，这是他们的资本，能够放下身架，也可以为自己带来更多的机会。

某人做生意失败了，但是他仍然极力维持原有的排场，唯恐别人看出他的失意。宴会时，他租用私家车去接宾客，并请表妹扮作女佣，佳肴一道道地端上，他以严厉的眼光制止自己久已不知肉味的孩子抢菜。虽然前一瓶酒尚未喝完，他已砰然打开柜中最后一瓶 XO。但是当那些心里有数的客人酒足饭饱、告辞离去时，每一个人都热情地致谢，并露出同情的眼光，却没有一个主动提出帮助。

某人彻底失望了，他百思不解，一个人行走在街头，突然看见许多工人在扶正那些被台风吹倒的行道树，工人总是先把树的枝叶锯去，使得重量减轻，再将树推正。

某人顿然领悟了，他放弃旧有的排场和死要面子的毛病，重新从小本生意做起，并以低姿态去拜望以前商界的老友，每个人知道他的小生意时，都尽量给予方便，购买他的东西，并推介给其他的公司。没有几年，他又在商场上站立了起来，而他始终记得锯树工人的一句话：“倒了的树，如果想维持原有的枝叶，怎么可能扶得动？”

哈佛大学这样告诫学生：不要因为自己是一名大学生就觉得了不起，

应该把自己看作是一个普通人，与所有人都站在一个起跑线上，生活中最不值钱的就是“架子”。

一个人的失败往往是和成功相伴的。有失败才有成功，不然就不会有“失败是成功之母”一说。然而很多人习惯拥抱成功而难以接受失败。一旦失败，不是沮丧放弃就是死要面子地撑着。这种人既伤害了自己的自尊又活得艰难痛苦，实在是一种不可取的活法。既然失败，就一定有其原因，如果我们能放下原来高高在上的架子，仔细地查找失败的原因，从中吸取教训，调整心态，从头再来，过不了多久，我们的“身价”便会回来。生活并不是每天都能如意，我们只有去掉身上那些阻挠我们进步的枝枝蔓蔓，放低自己的身架，才能轻松前行，才能为提高“身价”打好基础。

如今，大多数刚步入职场的员工都有着较强的个性和极强的自尊心，自以为能力超群，“身价”不一般。在对待人际关系上往往孤芳自赏，放不下架子去和周围的同事、领导交流思想感情，造成离群索居、孤军作战的困境。要走出这种困境，就要学会多跟别人分享看法，多听取和接受老员工的意见。在适当的时候要采纳他人的意见，在不违背大原则的情况下也可以做出妥协，同事之间的情谊是在工作中培养起来的，新人有合作的意识会更受欢迎。

做任何事情都是有一个顺序的，想一步登天是不可能的。所以当你进入公司时，要先给自己定好位，然后从基层开始做起，要能吃苦，要能负重，要学会静下心来埋头苦干，学习你所需要的专长本领和知识以及实践经验。相信在不久的将来，你一定会因为肯吃苦、勤钻研、肯干而被公司赏识、提拔。

如果你讲究“架子”，计较“得失”，就人为地给自己画了一个圈，限制了自己的手脚，而别人用起你来也会瞻前顾后、顾虑重重，会将目光投向他处；反之，则会给人一种具有良好团队意识的印象，同事间关系也会融洽，别人乐于助你，你的发展机会就大得多。

6. 藏锋敛芒，不张扬不狂傲

在现实生活中，做人切忌恃才自傲、目中无人。锋芒太露很容易遭到他人的妒忌，从而和自己树敌。在与人交往时，最重要的是保持低调，不露自己的高明，更不能随意对他人加以指责。大多数人都会同情弱者，却敌视比自己强的人。所以，不管是在生活中还是在职场上，张扬的人一般都不会有好的人际关系，因为他随时都在招致别人反感的情绪。

其实张扬并不一定就能够表现自己的强大，真正的强者总是高深莫测的，从不显山露水。甚至是成功后，他们一样能表现出常人少有的低调，也正是因为他们的低调，让人们尊重和敬仰。所以做人一定不能太张扬，这样不仅对事业有帮助，对于人生更是一种超凡脱俗。

森林里，大象不断地被人类猎杀，但人类并没有运走大象庞大的身躯，而是仅仅锯走了象牙。

大象们为了生存，终日东躲西藏，时时提高警惕，但还是难逃厄运，它们一只接一只地倒在了人类的枪口下。但奇怪的是，有一头公象却从未受到人类的威胁。它从容地到处转悠，有时还能到人类居住的村庄附近吃玉米，而且人类见了它，甚至还和它打招呼，表现得很友善。

其他大象对此极为不解。

“你有什么秘密吗？人类为什么不伤害你，却总是把枪口对准我们呢？”大象族长问它道。

“你看我与你们有什么不同吗？”这只公象问族长和其他同类。

“你……你……的牙……”大象族长惊讶得说不出话来。

“是的，我没有牙齿。从很早以前起，我每天做的第一件事就是磨自己的牙，而正是因为没有牙齿，人类枪杀我就没有任何价值，所以我能从容、平安地生活着。”

因为藏锋而获得平安。职场虽然没有这么血淋淋的较量，却也不乏明争暗斗。如果你能学会收敛锋芒，掩饰自己的优点，别人才不会提防你，攻击你，而愿意和善地与你相处，就像文中的那头公象一样，磨掉了自己的长牙，就能在猎人的枪口下平安地生活。

有些人处世时锋芒毕露，以为这样就可以得到别人的赞许和羡慕。殊不知，太露锋芒也会招来很多不必要的麻烦，这些麻烦不仅会影响你和周围人的关系，还会影响你的职场人生。

魏明帝时，曹爽与司马懿同朝执政。刚开始的时候，每逢有大事曹爽都不敢自己作主，要与司马懿一起商议后再作决定。后来，为了扩张自己的势力，曹爽引荐了一些人为心腹，驾空了司马懿。司马懿虽身为太傅，却没有一点儿实权，无力与曹爽抗争，只得装病，以躲避曹爽的锋芒，伺机而动。

然而，曹爽并没有放松对司马懿的敌意，一直想寻找机会除去他。当李胜升为青州刺史的时候，曹爽表面派他前往司马懿府上辞行，实则探听虚实。聪明的司马懿当然知道李胜前来的用意，就头发不理、衣冠不整地坐在床上，假装重病。当李胜来后，他故意整理了一下衣服，但衣服却掉在地上；当下人呈来一碗粥，喝粥时司马懿咧着嘴，粥汁顺着嘴角流到胸前。李胜见到这种状况，便装模作样地说：“只听说太傅生病，没想到还病得不轻。现在我调至青州刺史，特来向太傅辞行。”司马懿听后说：“并州靠近北方，你要小心才行！”李胜连忙纠正道：“我是赴任青州，不是并州”。司马懿笑道：“噢，原来你是来并州的。”又哭着说：“你看我都这个样子了，两个孩子又都不成材，还望你以后多多照顾！”说完，便故作昏厥。

李胜告知曹爽这一切，曹爽大喜，从此就放松了对司马懿的防范。正是因为如此，才使司马懿有机会把曹爽及其党羽全部扫除，掌握了魏朝的军政大权。

深藏不露是智谋。过分地张扬自己，就会经受更多的风吹雨打，暴露在外的椽子自然要先腐烂。一个人在社会上，如果不合时宜地过分张扬、卖弄自己，那么不管他多么优秀，都难免会遭到明枪暗箭的打击和攻击。时常有人稍有名气就到处洋洋得意地自夸，喜欢被别人奉承，这些人迟早会吃亏的。所以在职场我们一定要学会藏锋敛芒、装憨卖乖，千万不要把自己变成对方射击的靶子。当然我们学会“藏锋”不是目的，它是一种城府，一种历练，一种积蓄。其根本目的是水到渠成，崭露头角，施展大作为。否则只能说明你才能不高，本事不强，难成大器。

有些人在公司一旦受到上司的重用就开始自狂自大，以为自己已经成为上司的左膀右臂，好像少了他的存在，上司就无法做好工作，公司就无法正常运转一样。这种人迟早有一天会被赶出这个团体。因为他太看重自己的能力，太自以为是，其实，他没有想过，在他来之前，公司是正常运转的，他走之后，公司也会一如既往地运转，任何一个公司不会因为某一个人的离开而垮掉。正如常言所说：“地球离了谁还一样地转。”不要以为只有自己才是强者，不要以为某些事非我不能，有些职位非我莫属！世界之大，无奇不有，强中还有强中手，要想成大器，就一定要藏锋敛芒，低调做人才是做人的根本，狂妄自大只能显一时之能，最终会被人踩在脚下。

7. 谨慎谦虚，不越规不逾矩

谦虚是一种优秀品质，一种人格成熟的标志。真正的成功人士总是低调而谦逊的。谦逊具有平衡作用，不让我们高人一等或屈居人下，它使我们保持自我本色。工作中的谦虚就是当你身居某个显赫的位置时，并不认为这个职位就非你莫属，而是想到还有很多优秀人才也能胜任，只是缺少机会，从而做到爱岗敬业、一丝不苟。职场上，一些新员工对上司以及老员工的“指挥”有抵触情绪，这是一种违规，因为既然我们来到职场，就一定要听从上司的指挥。“抵触情绪”就像“慢性毒药”一般，短时间里看不出危害，但是，却能够在不知不觉中，让你在职场中“泯灭”。

职场之中，之所以会有上下级，是为了保证一个团队或组织工作的正常开展。而上级考虑问题更多的要从一个团队或组织的整体角度出发，而很难兼顾到每一个人。上级要开展工作，是必须要掌握一定的资源和权力的。对于一个下级来讲，如何在资源允许的情况下，配合上级共同完成团队或组织的工作，是首先要考虑的。在一个团队或组织中，下级尊敬和服从上级也是确保一个团队或组织能够完成目标的重要条件。但是如果作为员工，不能站在团队或组织的高度来思考问题，而只是站在自己的角度去处处找上级的麻烦，甚至恃才傲物，对上级横挑鼻子竖挑眼，不服从管理，那么这样的员工将很难在一个团队或组织里生存，更不要谈发展了。因为，作为一个职场人，下级服从上级是职场规矩，是任何一个身处职场的人都要明白的一个道理，如果不能遵循这个规矩，就只能被淘汰。

彭婷是一家翻译公司的翻译，她谨言慎行，终于挨过了试用期。在与公司签订了正式合同后，她感觉身上的每个细胞都一下子放松了下来，她得意地想：“我以后就是公司的正式员工了，和以前那些在自己面前‘耀武扬威’的家伙的地位是一样的了。”

正式上班后不久，部门经理拿来一大摞资料，说：“彭婷，这是一家公司的中文资料，他们准备在自己公司的网站上设立英文版，你把这些资料翻译一下。”彭婷看着那摞厚厚的中文资料，有些抵触情绪，觉得经理就是欺负新人，为什么不把这样高强度的工作安排给老员工？但是，她还是强作笑脸地说：“好的，我会尽快翻译。”虽然面对经理时，彭婷脸上浮现的是笑容，但当经理转身离开后，她像翻书一样，立刻把“笑脸”翻成了“冷脸”。

她的这种面部表情变化没有逃脱部门经理“不经意”回转身的凌厉一瞥。只这么一瞥，部门经理就看出了彭婷内心强烈的抵触情绪。部门经理心里很是反感，决定以后尽量不给彭婷“添麻烦”了。

不再给她添麻烦，其实也就是她从此失去了机会。谦虚是一个人必须具备的品质。只有谦虚好学的人，才会天天进步。一个人如果自恃才高，终止了自己学习的道路，那么，也就终止了自己人生前进的道路，因为不断学习，是我们一生向上的功课，一旦停下来，就会退回到原地。“不以规矩不成方圆”，无论是新员工还是老员工，服从上级的命令，遵照指示完成任务都是规矩，如果你忽视这些规矩，公司就会忽视你，最后的结局是你像空气一样消失在这个你曾经满怀希望的公司里。

在公司，如果你是一名普通员工，那么你要与上级保持应有的距离。不管自己与上司的私人关系如何，在工作中都要公私分明。在企业中，尤其忌讳有意宣扬与上级关系过分亲密的做法。否则，既会让上司处理公务时有为难之处，也显得自己仗了上司的势，同事会不用正眼看你的成绩，以为这些都是因为上司的庇护得来的。所以我们要做到既不有意和上级“套近乎”，也不自视清高，不把上级放在眼里。

如果你是一名领导者，你该做的就是信任与尊重你的下属。领导者的信任与尊重是对下属最好的奖励，因为这是对他们人格上的尊重，是对他们人品和才能的肯定与信任。让下属真正视上司为知己，自然“士为知己者用”，就是上司的回报。不能自恃为尊者，高人一等，而远离员工，脱离群众。要适当地与下属接近，进行谈心，了解下属的一些状况，并且多为下属考虑，有可能的话，想在下属之前，做在下属之前，帮下属解除他们的后顾之忧。只有这样，下属才会对领导忠诚，尊重领导，而且会体恤上情。

总之，不论是一名普通员工，还是公司的领导，只有保持低调，具有谦虚谨慎的品质，依照规矩做好本职工作，才是优秀的，成功的。

8. 知错就改，不固执不偏激

人一生不可能不犯错，犯错并不可怕，可怕是不肯承认自己的错误，一味地坚持自己的固执和偏激，认为引起错误的原因都是别人，自己是无辜的。生活中常见到这样的人，明明是自己错了，却偏偏不承认，还不肯从自己身上找错误之处，要么骂领导故意刁难自己，要么怨朋友关键时候靠不住，要么以为同事在嫉妒自己。

一个人犯了错，用争辩、掩饰的办法，是不能让人同情和原谅的；爽快地、坦白地承认错误，倒容易得到宽恕。只有愚蠢的人才努力试图为自己的错误寻找借口，强词夺理，这样做只能使你处于更加不利的地位。

“我立下一条规矩。”富兰克林说，“决不正面反对别人的意见，也不准自己太武断。我甚至不准许自己在文字或语言上措辞太肯定。我不说‘当然’、‘无疑’等，而改用‘我想’、‘假设’、或‘我想象’，一件事该这样或那样，或者‘目前我看来是如此’。当别人陈述一件我不以为然的事时，我决不立刻驳斥他，或立即指正他的错误。我会在回答的时候表示在某些条件和情况下，他的意见没有错，但在目前这件事上，看来好像稍有两样，等等。我很快就领会到改变态度的收获；凡是我参与的谈话，气氛都很融洽。我以谦虚的态度来表达自己的意见，不但容易被接受，更减少一些冲突；我发现自己有错时，也没有什么难堪的场面，而我碰巧是对的时候，更能使对方不固执己见而赞同我。

“我一开始采用这套方法时，确实觉得和我的本性相冲突，但久而久之就愈变愈容易，愈像我自己的习惯了，而也许五十年来，没有人听我讲过什么太武断的话。这个习惯，是我在提出新

法案或修改旧条文时，能得到同胞重视，并且在成为民众协会的一员后，能具有相当影响力的重要原因。因为我并不善于辞令，更谈不上雄辩，遣词用字也很迟疑，还会说错话。”

知错就改同样是一种处世之道。为人低调的人总是在面对自己错误的时候显得勇气十足，他们不找任何借口，不固执己见，坦诚相对，这样，同事间会增添许多信任，上级会认为他们是可用之材，由此，多了许多固执的人不可能有的机会。在与同事相处中，自己做错了事，要敢于承认，勇于认错，不能一根筋，固执地不肯认错。有道是“大丈夫错都敢犯”，难道还不敢承认吗？承认固然要紧，改正则更显重要。去掉感情上的羞涩，搬开面子上的障碍，勇敢地说一声“对不起”，并以实际行动强力纠错，你的同事会因为你的光明磊落、坦然赤诚而原谅你，而你也因为走出这一步而海阔天空。

如果我们知道免不了会遭受责备，何不抢先一步，先认错呢？听自己谴责自己不比挨人家的批评好受得多吗？你要是知道有某人想要或准备责备你，就自己先把对方要责备你的话说出来，那他就拿你没有办法了。十之八九他会以宽大、谅解的态度对待你，忽视你的错误。一个人有勇气承认自己的错误，也可以获得某种程度的满足感。这不只可以清除罪恶感和自我卫护的气氛，而且有助于解决这项错误所造成的问题。

知错就改是美德，是一个人的修养，是行走职场的秘诀。古时候有“负荆请罪”的故事，流传至今，廉颇以他知错就改的美德让世人称颂、效仿。现代社会更需要这种敢于认错的人，勇于认错的表现与那些固执、偏激、力求找到借口的做法比起来，要优秀得多。

第七章

宽厚豁达，真诚做人：人脉越宽广职场越顺畅

现代职场，凭的是能力，但靠的是人脉。一个人能力再强，没有宽广的人脉，成功一样艰难。宽广的人脉不仅能使你的职场奋斗不再孤单，而且能让你的职场之路越走越宽广，越顺畅。搭建人脉靠什么？靠真诚，靠以心换心，坦诚以对。所以，要想职场之路走得顺畅，宽容大度、豁达厚道、心怀坦荡、真诚待人，就相当重要。

1.

宽容豁达者能得天下

做人要豁达，对人要宽容。正是因为天空的宽容，才有了百鸟的飞翔；因为土地的宽容，才有了万物的生长；因为高山的宽容，才有了珍宝蕴藏；因为大海的宽容，才有了烟波苍苍。豁达宽容是一种气度，是一种修养，是一种自信，更是一种智慧。有了这种处世态度，人生的道路就是顺畅的。

与人相处就要互相谅解，求大同存小异，有度量能宽容别人，你就会有很多的朋友，而且左右逢源。相反，眼里揉不得半点沙子，过分挑剔，什么事情都要弄个是非曲直的人，别人自然会躲着你。古今中外，凡能成大事者，几乎都能忍别人所不能忍，心胸豁达，所以他们能成大事。

忘记惹你生气的人，因为只有这样做才是最聪明的。当别人得罪你，或者犯了错以后，你最好告诉自己不必生气，换个角度来思考问题，别人的做法未必就是错误的，或许是自己还没有完全理解别人的意思，每个人对别人的判断都会受到自己主观因素的影响，不一定完全正确和公正，所以一定要弄清事实。如果确定对方真的犯了错，你也应该以“人非圣贤，孰能无过”的心态来对待，并且尽量宽恕对方的过错，这样才能将工作进行下去，从而赢得更多人的尊重与喜爱。

待人豁达大度、胸怀宽广，这是一个人具有良好修养的外在表现。古人曰：“君子要忍人所不能忍，容人所不能容，处人所不能处。”同事间，要善于沟通，珍惜缘分，心存大气之心；要互相帮助，互相配合。与人相处要以诚相待，在共同目标下求合作，在相互合作中求合力，在相互信任中求发展。要宽容大度，不要小事计较；要见贤思齐，不嫉贤妒能；要团结协作，不互相拆台；要心地光明，不幸灾乐祸；要同心同德，不貌合神离。宽容豁达是以德报怨，是君子的特质，是内敛的大海，是谦卑的高山，更是江海般的度量。

有一次，一位作家邀请两位朋友阿尔和马修一同出外旅行。

三人行经一处山崖时，马修失足滑落，眼看就要丧命，机灵的阿尔拼命拉住了他的衣襟，将他救起。

马修很感激阿尔对自己的救命之恩，在附近的大石头上，用力镌刻下这样一行字："某年某月某日，阿尔救了马修一命。"

于是三人继续前进，几日后来到一处河边。由于长期旅行，疲惫不堪，且心情烦躁，阿尔与马修为了一件小事吵起来了，阿尔一气之下竟打了马修一耳光。马修被打得流出鼻血，他很气愤，然而他没有还手，却一口气跑到了沙滩上，在沙滩上写下一行字："某年某月某日，阿尔打了马修一记耳光。"

旅行终于结束了，三人回到家乡，作家怀着好奇心问马修："我一直不太理解，你为什么要把阿尔救你的事刻在石头上，而把他打你耳光的事写在沙滩上？"

马修平静地回答："阿尔救了我的命，这份恩情我是永远也不会忘却的，所以我将它刻在石上；而因他打我而激起的怨恨则是一时的，我愿将它写在沙滩上，让它随着沙滩字迹的消失而忘得一干二净。"

学会忘记，这也是宽容豁达的表现。"退一步海阔天空，忍一时风平浪静"，这句话无非就是告诉我们大家：做人要豁达和宽容。因为宽容的受益人不只是被宽容者，更主要的是自己，宽容别人就是解放自己。如果我们远离了嫉妒与怨恨，也就远离了痛苦、心碎、绝望、愤怒和伤害等。

希拉里曾问曼德拉，如何在激流险壑的政治斗争中保持一颗博大宽容的心？曼德拉以自己获释出狱当天的感受回答她说："当我走出囚室，迈向通往自由的监狱大门时，我已经清楚，自己若不能把悲痛与怨恨留在身后，那么，我其实仍在狱中。”

常言道：“宽容者，必得天下。”所以，宽容豁达是人生的奥妙，是一种超脱和自我精神的解放，是为人处世的一种态度，而不是一种盲目的自我表露。宽容豁达表现的是一种博大的胸怀、超然洒脱的态度，也是人类个性最高的境界之一，更是一种“德”。因为我们中华民族注重“德”，一个人有“德”才会服人，有才无德的人也许可逞一时之势，却不能把握历史的方向，最终还是会被历史所淘汰。古人云：“冤冤相报何时了，得饶人处且饶人。”这就是一种宽容豁达，一种博大的胸怀，一种不拘小节的潇洒，一种伟大的仁慈。宽容是一种豁达的风范，宽容豁达也是一种幸福，我们饶恕别人，不只是给了别人机会，也同样取得了别人的信任与尊敬，并能和睦相处。宽容豁达是一种看不见的幸福，是一种能够让人养成高尚品德的习惯。

一个人只有豁达、开朗、宽容才能接受别人，善于与他人相处，能承认他人存在的意义和作用，也就能被他人所理解和接受，为集体所接纳，就能与别人互相沟通和交往，彼此之间的关系才会协调，才能广结人缘，为职场道路铺金。

2.

宽容不仅是美德，更是智慧

什么是宽容呢？宽容就是一种胸怀。有多大的胸怀，就有多高的境界；有多高的境界，就能干多大的事业。宽容是一种非凡的气度，宽广的胸怀，是对人对事的包容和接纳。宽容是一种高贵的品质、崇高的境界，是精神的成熟、心灵的丰盈。宽容是一种仁爱的光芒、无上的福分，是对别人的释怀，也是对自己的善待。宽容的人之所以长寿，是因为宽容者具有良好的心理素质，对别人的缺点能包容，尤其是当别人犯错误伤害到自己时，能够原谅，能够以德报怨，而不是以牙还牙。宽容者遇事想得开，善于控制情绪，制怒熄火，从而保持心态平稳，促进身体健康。

所以我们说宽容不仅是一种美德，更是一种生存的智慧、生活的艺术，是看透了红尘以后所获得的那份从容、自信和超然。

越是睿智的人，越是胸怀宽广。因为他洞明世事、练达人情，看得深、想得开、放得下。

有位老师发现一名学生上课时时常低着头画些什么。有一天他走过去拿起学生的画，发现画中的人物正是龇牙咧嘴的自己。老师没发火，只是憨憨地笑，要学生课后再加工加工，画得更神似一些。而从此那名学生上课时再没有画画，各门功课都学得不错，后来他成为了颇有造诣的漫画家。

设想一下除去其他因素，归集到一点，主人公后来有所作为，与当初老师的宽容不无关系，可以说是宽容唤起的潜意识，纠正了他的人生之舵。

宽容不仅需要海量，更是一种修养促成的智慧。事实上只有那些胸襟开阔的人才会自然而然地运用宽容。老师对学生的恶作剧通常是大发雷霆，继而是狠狠批评，但往往因为方式太通常了，就很难取得不寻常的效果。你可以把对方管得规规矩矩、理得笔笔直直，但你如果不会运用宽容，就可能把人的可塑性和创造力给泯灭，这就与真正的智慧相差甚远了。

宽容的智慧在生活中，会让高尚者的心灵更清澈，让卑鄙者的灵魂更龌龊。著名诗人歌德一次在路上遇到一个时常抨击他文章的人，这个人这次又当着歌德的面出言不逊，乱说一气，并且挡道不让。歌德微微一笑，闪在一边，并不做任何分辩。旁人看了很生气，劝歌德要反唇相讥。歌德笑着说："我若和他一样，岂不也成了疯子？"歌德的做法就是一种智慧，“最高贵的复仇是宽容”，对于疯子没必要和他理论，在宽容的智慧下，自私者会更无地自容。

对于同伴的批评、朋友的误解，过多的争辩和“反击”实不足取，唯有冷静、忍耐、谅解最重要。相信这句名言：“宽容是在荆棘丛中长出来的谷粒。”如果有那么一点点宽容的胸怀，有那么一点点冷静和忍耐，有那么一点点谅解和平和，所有的事情都会改变。

从古到今，多少大度之人用宽容之心，换来和谐的人际关系和蒸蒸日上的事业。大千世界，我们难免遇到许多不尽如人意的事情，不能苛责每件事情都能按照自己的意愿变得完美。在与人相处和提高个人素质的同时，还要摒弃斤斤计较的心态，让自己变得宽容。多一些宽容就会多一些收获。

在职场中，总免不了有意见相悖、言语碰撞的时候，只要不是原则问题，就应该主动退让、宽以待人，这样才能始终保持平和、乐观、向上的心理状态。作为管理者，当下属因为非主观过失造成公司或个人的财产损失时，给予宽容理解，会让员工产生真心的感激之情，并将这份感激表现在实际的工作中。

某部门经理在一次外出时，手提包被盗，里面除了常用的钱、卡等个人财物，还有公司的公章。当她又内疚又担心地站在总经理面前讲完所发生的事情后，总经理没有一句责怪之词，反而笑着说：“我再送你一只手袋好吗？你前段时间的工作非常出色，公司早就想对你有所表示，一直没有机会，现在正好机会来了。”

听到总经理温暖的话语，她的眼泪都要出来了，对老总的宽容理解表示了真诚的感谢。

由于老总以宽容的态度处理了这件事，部门经理一直以来心怀感激，后来任凭其他公司有多么优厚的待遇聘请她，她都不为所动。

这位总经理简单的几句话，不仅留住了公司的人才，更留住了一个对自己忠心耿耿的下属，从此以后，无论他有怎样的困难，这个下属必定会赴汤蹈火，全力以赴。这是这位总经理的智慧，宽容的智慧。这种宽容后的效果，是他大发雷霆根本不可能得到的。

在职场的人际交往中，宽容可以使人与人之间以诚相待，互相信赖，博取人们对你的真诚相助。有时，宽容能产生神奇的力量，能够让善于自省的人顿时悔过自新，产生奋发向上的力量。宽容也是一种工作方法，它有利于建立开放的舆论环境，广开言路。宽容还是一种精神和气魄，善于宽容和忍让的人，多为立志高远者。

3. 豁达是一种博大的胸怀，洒脱的态度

每个人都希望自己每天都能开开心心，顺顺利利，可是生活却不可能如此，总会有一些小波折出现。如果我们都斤斤计较的话，日子会过得阴暗乏味，只有胸襟豁达才能让每天的生活都充满阳光。凡事看开一点，豁达轻松地生活，我们才会拥有幸福美好的人生。豁达是一种洒脱的人生态度，是人生一笔宝贵的财富。有了豁达，生活中便会多几分和谐，几分宽厚，具有豁达心胸的人，会安静而坦然地走自己的路，会含笑而自信，既不自卑又不张扬。豁达使人无论身处顺境还是逆境，都会保持从容的心态，清醒理智地面对现实。

这是一场看似普通又极为特殊的世界职业拳手争霸赛。正在比赛的是美国两个职业拳手，年岁大点的叫卢卡，30 岁；年轻点的叫拉瓦，25 岁。上半场两人打了六个回合，实力相当，难分胜负。在下半场第七个回合，拉瓦接连击中老将卢卡的头部，打得他鼻青脸肿。

短暂的休息时，拉瓦真诚地向卢卡致歉。他先用自己的毛巾一点点擦去卢卡脸上的血迹，然后把矿泉水洒在他的头上。拉瓦始终是一脸歉意，仿佛这一切都是自己的罪过。

接下来两人继续交手。也许是年纪大了，也许是体力不支，卢卡一次又一次地被拉瓦击倒在地。按规则，对手被打倒后，裁判连喊三声，如果三声之后仍然起不来，就算输了。每次都不等裁判将"三"叫出口，拉瓦就上前把卢卡拉起来。卢卡被扶起后，他们微笑着击掌，然后继续交战。这样的举动在拳击场上极为少见。

最终，卢卡负于拉瓦，观众潮水般涌向拉瓦，向他献花、致敬、赠送礼物。拉瓦拨开人群，径直走向被冷落一旁的老将卢卡，将最大的一束鲜花送进他的怀抱。两人紧紧地拥在一起，相互亲吻对方被击伤的部位，俨然一对亲兄弟。卢卡真诚地向拉瓦祝贺，一脸由衷的笑容。他握住拉瓦的手高高举过头顶，向全场的观众致敬。观众更加沸腾了，为这一对相拥在一起的对手欢呼。

人的胸襟是一种奇妙的东西，它可以使人在失利时保持坦然，在得意时能够热情地给对手以鼓励，这更是一种人格的魅力。也正是这种真诚的豁达，让两个竞争对手相拥而笑。人们往往把宽广的胸怀比作大海，能广纳百川之细流，也不拒暴雨和冰雹；也有人把忍耐性比作弹簧，具有能屈能伸的韧性。谁若想在困厄时得到援助，就应在平时待人以宽。这就是说，相容接纳、团结更多的人，在顺利的时候共奋斗，在困难的时候共患难，进而增加成功的力量，创造更多的成功的机会。反之，相容度低，则会使人疏远，减少合作力量，人为地增加阻力。胸怀狭窄的人是没有一点儿气度的，常常争先恐后地与他人争夺蝇头小利，但这点小利到手后，却又发现丢了大利。胸襟坦荡广阔的人不会为犹如芝麻般的小事而忙得团团转，他们会把目光投向生活的更远处，做事稳重，态度从容。

在印度有一位著名的哲学大师。在他的众多弟子中，有一个经常牢骚满腹，怨天尤人，不是抱怨别人对他不好，就是抱怨饭菜不合口味。哲学大师为了开导这个小肚鸡肠、心胸狭窄的弟子，于是就叫他去买盐。盐买回来后，大师吩咐他抓一把盐放在一杯水中，然后喝掉。弟子照着做了，大师问："味道如何"？这位弟子皱着眉头说："咸得发苦。"大师叫他抓一把盐放在水缸里，再叫他尝味道，这次弟子说："有一点点咸"。于是大师叫他把剩下的盐撒到湖里，再叫他尝。"什么味道？""好像一点点咸味也没有。"弟子答道。哲学大师趁机教导这位弟子说："一个人生活中的不快和痛苦，就像这盐的咸味，我们所能感觉和体验的程度取决于我们将它放在多大的容器里，所以，当你处于痛苦时，请开阔你的胸怀。"

你的胸怀就好比生活的容器，当你感觉命运对你不公时，当你慨叹人生世态炎凉时，当你对生活感到难以满意时，当你感到工作不顺时，你就要不断地开阔自己的胸怀，只有心胸开阔，痛苦才会显得微不足道；只有心胸开阔，幸福才会在不经意间来到你的身边。豁达的人在遇到困境时，除了会本能地承认事实、摆脱自我纠缠之外，他还有一种趋乐避害的思维习惯。每个人的满足与不满足，并没有太多的区别，幸福与不幸福相差的程度，却会相当巨大。只要有一种看透一切的胸怀，就能做到豁达大度。把一切都看作"没什么"才能在外界慌乱时，从容自如；忧愁时，增添几许欢乐；艰难时，顽强拼搏；得意时，言行如常；胜利时，不醉不昏，有新的突破。只有如此放得开的人，才能是豁达大度的人。

4.

真诚是职场交往的不二法门

一个人如果拥有了真诚的品质会交很多的知心朋友，他的路会越走越宽，一个团队中如果形成了真诚的氛围，这个团队的凝聚力和战斗力会得到很大提升。有句古话叫“路遥知马力，日久见人心”。随着时间的推移一切会变得清晰。如果你是虚伪的人，大家会离你而去；如果你是真诚的人，大家会接受你，会成为你永远的朋友。

真诚，是健康人格的一个重要范畴，它是一个人外在行为和内在道德的有机统一体，是评价一个人精神境界的标尺。一个缺乏真诚的人，他的人格形象仿佛总是戴着一副假面具，冷漠、妥协、麻木、欺骗……心与心之间横着沙漠，而真诚则犹如心与心之间架起一座桥梁，使人与人之间获得共鸣与理解。坦率同样也是一个真诚的人所具备的重要品质，它表现在许多方面，总的来说，就是要坦诚率直地如实地展现自己，而不是以一种不真实的形象来欺己欺人，这是一种建立在真诚根基上的自尊自重。从古到今，有关于真诚的故事中最脍炙人口的莫过于刘备“三顾茅庐”，正是刘备的真诚感动了诸葛亮，诸葛亮才死心塌地地跟着刘备死而后已。刘备的真诚不光是对诸葛亮，对张飞、关羽也是如此。因为有了这些至关重要的人脉关系，刘备才得以成功。一个人要做到真诚，不容易。真，就是真实、不虚假，一就是一，二就是二，不欺上瞒下，实事求是；诚，不光是诚实，还需要忠心。忠心耿耿的人，往往能收获更长的友谊与更多的信赖。

早年，尼泊尔的喜马拉雅山南麓很少有外国人涉足。后来，许多日本人到这里观光旅游，据说是源于一位少年的诚信。一天，几位日本摄影师请当地一位少年代买啤酒，这位少年为之跑了3个多小时。第二天，那个少年又自告奋勇地再替他们买啤酒。这次摄影师们给了他很多钱，但直到第三天下午那个少年还没回来。于是，摄影师们议论纷纷，都认为那个少年把钱骗走了。第三天夜里，那个少年却敲开了摄影师的门。原来，他只购得 4 瓶啤酒，尔后，他又翻了一座山，趟过一条河才购得另外 6 瓶，返回时摔坏了 3 瓶。他哭着拿着碎玻璃片，向摄影师交回零钱，在场的人无不动容。这个故事使许多外国人深受感动。后来，到这儿的游客就越来越多……

这个地方之所以会成为旅游胜地，不光是这里的风景，更是因为这里有真诚的人。一个风景再美的地方，没有善良真诚的人，是不会有人去的。学会真诚做人，就要不矫揉造作、不假惺惺、不卷进是非、不招人嫌、不招人嫉，即使你认为自己满腹才华，能力比别人强，也要学会藏拙。我们要时时提醒自己这样做，踏踏实实地迈好每一步！真诚做人，用平和的心态来看待世间的一切，不断提高思想境界，为人便能善始善终，既可以让人在卑微时安贫乐道、豁达大度，也可以让人在显赫时不骄不狂。不真诚的人让我们惧怕，让我们躲避，而真诚的人让我们乐于靠近，乐于交往。有些人总想得到，而不愿付出，在与人交往时，总是掩着、藏着、骗着，让大家觉得不可靠近。这样的人实在太自私了，一心只想得到，还口口声声地抱怨别人的不是。而有些人则是怀着一颗纯洁的心，干净得像新生一般，不带半点污迹，没有猜疑，没有妒忌，没有狡诈，更别说恶意，有的只是真诚的心，一颗赤诚的心，不加任何的装饰。它是透明的，让人看得清清楚楚。

我们每一个人都没有在工作中选择自己同事的权利。工作中，你的同事都是客观存在的，不会因为你的意愿而存在或消失。如果你想要成功的话，就要接受现实，正确地面对你周围的同事，在工作时和大多数同事维系并保持一种良好的气氛，这对于我们每一个人的成功而言都是非常重要的！同事之交，一定要以诚相待，切不可对同事有过高的期望，更不可伪装真诚！伪装的永远都是假的，假的就永远不会成为真的，与其费尽心思去伪装真诚，倒不如摘掉伪装的面具，以诚相待。真诚待人会让我们获得成功的机会和意外的惊喜。不付出努力，就不会成功！在你付出努力的同时，你是否真诚地对待你所接触的每一个人，尽力地处理你所遇到的每一件事了呢？人们常说："以诚待人，无往不利。"真诚可以增加你获得成功的几率，因此，同事之交，切不可伪装真诚。在追求成功的道路上，多拿出一些真诚，你会因此而获得更大的成功！

低调职场，真诚才是最有效的武器。我们只有建立大家基于信任和互相认可的交往，才会积累起更有效的人脉资源。因此，职场交往中切不可伪装真诚。伪装出来的真诚有时候会比欺骗更令人心寒。

5. 与人为善，不必斤斤计较

职场上有这样一种人，他们经常为了一点小小的利益与同事争得面红耳赤，甚至弄得头破血流，生怕吃了点小亏。如果仔细观察一下，你能发现他们确实因为自己的"聪明"获利不少，这种精明如果只是偶然现象，那么还没什么，一旦形成了一种习惯，表面上看起来很有用，但实际上却是职场中的大忌。这样的人往往因为斤斤计较惹恼领导，失去晋升的机会，又因为贪小便宜，吃大亏，失去人缘，不受人欢迎。最终结果是因小失大，聪明反被聪明误。

有一个顽皮的小孩在玩耍时把手伸进了收藏架上摆放的一个花瓶，那不是普通的花瓶，那是上面印着精美青花的古董。糟糕的是当他把手收回来时却怎么也拔不出来了。这下可急坏了家长，男孩的父亲试着帮他拔了几次后无济于事，便想到了司马光砸缸的应急智举。父亲想把瓶子砸碎，可是花瓶太稀有名贵了，让大人难以取舍。最后小孩的父亲决定孤注一掷，再试最后一次，不行就忍痛砸瓶，毕竟救人是大事。父亲说："孩子，你把手伸直、五指并拢使劲往外拔，就像我这样。"父亲边说边给儿子做撑开掌再捏拢的示范。小孩却大叫："爸爸，我不能那样做，如果我松开手，那枚硬币就会掉进瓶里。"父亲哑然失笑，终于明白儿子的手拔不出来的真正原因了。一枚微不足道的硬币差点毁了一个名贵的藏品。

一个孩子，当然不懂得计较眼前的利益会失去什么，但作为一个职场人，却不能不明白。职场人士要懂得佛家所说的"舍得"，懂得舍才会得，不懂得舍就不会得。如果你斤斤计较，交往对象会认为你是个不懂得分享的人，久而久之，你就会成为职场交际圈的边缘人。在职场发展严重依赖关系的现代社会，斤斤计较的人是不可能有好的发展前景的。与这类人相反，与人为善是做人的一种积极和有意义的行为。它可以为自己创造一个宽松和谐的人际环境，使自己有一个发挥个性和创造力的自由天地，并享受到一种施惠与人的快乐，会成为上司青睐的对象，成为同事的知己。所以，要想在职场中有一个好人脉，就不要对琐事过于计较，时时拿出一种与人为善的好心态来对待事物。与人为善有利于促进和谐。有的人与同事的关系不好，就是因为过于计较自己的利益，老是争求种种的"好处"，久了难免惹起同事们的反感。而这些东西未必能带给你很多的好处，反而弄得自己心身疲惫，并失去了良好的人际关系，得不偿失。如果对那些细小的不大影响自己前程的好处，多一些谦让，这种豁达的态度无疑会为你赢得人们的好感。

不管是谁，不论在哪儿，一辈子不吃亏的人是没有的，问题在于我们如何看待"吃亏"。同事间你来我往，无法做到绝对公平，总是要有人承受不公平，要吃亏。与人为善的人，会有一个良好的人际关系，会处处都遇"贵人"，但是良好的人际关系不单单是行动上做出来的，更是从心底里流出来的。在追求成功的过程中，任何人都离不开与他人的合作。尤其是在现代社会里，如果你想获得成功，就应该想方设法获得周围人的支持和帮助。生活就是这样：对别人多一份理解和宽容，其实就是支持和帮助自己，善待他人就是善待自己。如同中国一句古语说的那样："授人玫瑰，手留余香。"

世界是公平的，付出了总会有回报，不需要斤斤计较一时的得失。每个人在工作中都需要有一个付出的心态。有时候为了集体多付出了一点儿也不必觉得吃亏，因为只有团队整体发展了，在团队里的个人的潜能才能够得到更大的发挥。过于计较，得失心太重，反而会舍本逐末。我们拥有的不必很多，重要的是拥有一个得失的准则，帮助我们在复杂中找到简单，在踌躇中找到方向。

与人为善其实很简单，只要你愿意，何时何地都可以做到与人为善。比如在工作中，多做了一点事情，不必耿耿于怀，换个角度想一下，这正是给了你更多学习和实践的机会。很多时候，极力地想去拥有，却往往空手而归，之后又心有不甘，于是，一直处于一种不顺的处境，郁闷而疲惫。如果我们首先就对得与失不那么斤斤计较，那么我们的生活会轻松而愉快。

在漫漫人生路上，没有一帆风顺，每一个成功的人，都是一步一个脚印慢慢登上高峰的。这个世界上没有那么多的完美，通往成功的路必然是曲折崎岖、充满险阻的。不过这时请记住，吃亏是福，爱斤斤计较的人往往是吃大亏的人。在吃亏的同时，我们要有一种与人为善的心态和行为，不去计较太多，就会拥有更多的支持和帮助，职场道路就会越来越顺畅。

6. 忍一时风平浪静，得理也可让三分

职场上很多人因为人脉关系紧张而使得工作做得不顺畅，有的甚至

到最后不得不走人。他们在心里或许觉得憋屈，认为自己一身本事无处施展，却没有仔细想过导致这种局面的终究是自己平常不能“忍”的结果。比如今天我做了卫生，明天怎么还是我做？今天我加了班，明天为什么你不能加班？这些其实都是工作中的小事，如果你不做，别人一定也会做得好，但如果做了，就不用去计较自己得到了什么，不用觉得自己做得比别人多，委屈了。还有的人因为一点点小事当着众人的面怒斥，让别人没面子，下不了台，还得意洋洋地以为是出了口恶气，没想到，因为出了这口“恶气”，所有的人都对你避而远之了。

中午休息的时候，范伟和同事刘凯在办公室里开玩笑。一不小心，范伟将一杯水洒到了同事小雅的头上，这下可好，小雅新做不久的发型一下给弄湿了。

小雅顿时火冒三丈，气哼哼地就要找范伟算账。范伟见状，赶紧向小雅道歉。正在气头上的小雅怎么肯听，她大声地说：“你道歉有什么用？你知道吗，这个发型可花了我好多钱呢。”

听小雅这么说，范伟窘得满脸通红，只得说：“要不我给你钱，你再去做一个吧。”

“谁要你的钱了，你给钱，我还没时间呢！”小雅仍然不依不饶。

范伟不知道说什么好了，这时，刘凯在一旁说：“小雅，范伟是不对，可他已经向你道歉了，而且他还要拿钱让你重做发型，我看大家都是同事，就算了吧。”这时旁观的同事也劝小雅算了。可小雅还是怒火难消，坚持要拉范伟去办公室主任那说清楚。

主任听完他俩的讲述后，除了对范伟进行通报批评外，还按照不准在办公室打闹的制度，让范伟交了100元罚款。

事后，大家都觉得小雅做得有点过头，得理不饶人，实在是太让人难堪了。为了避免以后再发生这样的事，很多同事慢慢地跟小雅疏远了。其实，这件事情并不大，可是却闹得大家都不开心，问题的症结就在于小雅在与同事相处时，犯了交际大忌——得理不饶人。谁都喜欢跟通情达理的人打交道，不喜欢跟得理不饶人的人来往。如果小雅当时能忍一忍心中的怒气，宽容地原谅别人的过失行为，那么，周围的同事肯定认为她是一个大度的人，是值得做朋友的人，以后在职场她就可以利用这些人脉关系，以促进更好的发展。

“得理不饶人，无理搅三分”，这是一些人常犯的毛病。如果在职场中得理不饶人，把一件不足挂齿的小事复杂化，不仅会把上司或同事搞得下不了台，还会给人留下固执己见、小鸡肚肠的印象。所以，对一些鸡毛蒜皮的小事或一些非原则性的问题，即使得理也不妨饶人，这样不仅可以化解矛盾，更可融洽人际关系。

我们不仅会在生活中随时碰到这种小事，就是职场中，谁又能保证不会和别人发生一些磕磕碰碰？谁又能保证自己事事处处都占理？只要没有根本的利害冲突，即便自己占理，也应该大度地让别人三分。俗话说：“进一步山穷水尽，退一步海阔天空。”有理让三分，得理也饶人，同事间就会和睦相处。

在职场中，除了会做事，更要会做人，做事靠的是专业，做人则是门艺术，不是只靠书本学得来的。

某上司脾气不好，经常对俩手下大呼小叫，轻则讥讽，重则责骂，于是两人渐渐萌生去意。某次激烈冲突后，一人愤而辞职，拍拍屁股走人，给上司丢下一大堆没干完的活儿。另一人则按兵不动，一边积极协助上司处理手头的烂摊子，一边暗暗寻找下家。过了一段时间，愤而辞职者找到了新公司，按兵不动者也联系到合适的下家。良禽择木而栖，本是件两全其美的好事儿，应该说对谁都是有好处的。对于老板而言，这种合不来的下属不要也罢，对于员工而言，找到新的老板是他们所渴望的，也算是皆大欢喜。没想到，新公司人事部给原公司打电话做背景调查，前上司对愤而辞职者本来就一肚子火，自然没什么好话，这份新工作竟然泡了汤。按兵不动者则把工作处理得井井有条，然后把握机会向上司委婉提出辞职。上司挽留未果，只好送了些祝福的话外加一个装满奖金的信封，友好握手告别。

这就是做人的艺术。只要我们做人做得恰到好处，没有人一定要敌视你，没有人愿意少朋友而多敌人。两个同为受上司气的员工，同样是因为上司脾气不好而辞职，就因为处理事情的方法不同，两个人的结局也大不相同。可见，一个人的人脉关系并不是掌握在别人手中的，也并不会因为别人的脾气好坏而对自己的人脉关系有所影响，能影响到我们的，只能是我们自己。如果我们能够忍一时之气，不冲动，能饶人处且饶人，就能得到别人的支持和帮助，哪怕这个人是众人眼中不好结交的人，只要你有方法，用头脑，他还是会成为你的朋友的。

7. 多交朋友，少树敌人

身在职场，要得到领导的赏识，更好地与周围的人合作处事，就要处理好同事之间的关系，多交朋友，少树敌人。有些人以为自己很聪明，有一身的本领，所以工作的时候不是瞧不上别人的工作，就是认为别人做得不如自己好。不把别人放在眼里，时不时地还批评别人几句，这种人是让人讨厌的，是不会有好人缘的。也许有的人会说，我提出批评是指出错误，是对他好。却不想，你的这种做法尽管是出于好心，但也不会有人领情，因为任何人都不喜欢把自己视为仇敌的人。善意地帮别人指出错误是好的，但指出错误的同时如果我们能讲究方式方法，别人不但会乐于接受，还会心存感激，反之，别人会视你为恶意的指责，会把你的提醒当成是挑剔或者恶意的伤害。当我们与人合作时，要拿出诚意，真心地把别人当成朋友，这样，别人才会以同样的方式来对待你。

晓婷半年前刚进入一家文化单位工作。对于新人来说，初入职场的第一要务便是尽快熟悉业务，搞好同事关系，以便能快速站稳脚跟。而晓婷却是个例外。她一直死抱着“防人之心不可无”的哲学——如果有同事主动和她说话，她就会加倍防范，认为人家是有所图谋。

有一次，晓婷看到和她一起进来的新人的名字与老同事一起出现在作品上时，她就跑过去说：“你能量好大啊，某某都被你搞定了。”一来二去，大家都不愿意招惹她，而晓婷在办公室里成了一个边缘人，有什么集体活动都没人告诉她，遇到麻烦更是没人帮她，而她的业绩也基本都是倒数的。最后晓婷被辞退了。

实际工作生活中，像晓婷这种人并不少见。这类人的表现有很多种，比如给同事下绊子、挑拨离间、恶意竞争之类。晓婷的失败很大的因素是不良的同事关系。而不良的同事关系是由她的敌对心理引起的，她的敌对心理又是由她对人的不信任引起的，是缺乏基本的安全感导致的。很多人对同事都怀有类似的防范心理，不敢敞开心扉深交，因为工作中存在利益关系，当利益和友情产生冲突时，坚持利益则破坏了友情，坚持友情又会损害利益，所以大家都认为同事之间是断然不可能成为朋友的。要想成为朋友，除非大家不在同一个公司，不在同一个部门。然而，据英国一项最新的民意调查显示，有很大一部分的受访者表示，他们通过工作关系而结交到了自己的绝大部分朋友。这些朋友会是他们一生中最重要的人，是他们信得过、靠得住的人。

有一种人我们把他叫作公敌型的人。这种人平时到处树敌、得罪人，在自己最需要帮助的时候想破脑子也不知道该求助于谁——根本就没有人可以求助。所以，不能宽容别人的人，实际上就是自己跟自己过不去。这样的人，只能在指责别人、埋怨别人中，使自己的生活和事业荆棘丛生。一个员工要想有所成就，没有一个优秀、团结的团体和一些志同道合的朋友，是根本不可能获得成功的。公敌型的人为什么会失败，就是因为他们总是孤家寡人一个，跟谁都做不成朋友，结果到处树敌，人人喊打。

一个人有没有朋友，关键不在于他想不想交朋友，而在于他的胸怀够不够宽广，够不够大气。我们交朋友，自然希望朋友能够对自己有些帮助。但是，我们交朋友却是绝对不能看他对你有没有帮助作为标准的。如果按照对自己是否“用得着”而交朋友，那么，你就很难交到真正的“患难与共”的朋友。一个自私自利的人是不会有多少朋友的，而一个心胸狭窄的人，更是一个没有朋友的人。一个阴险狠毒的人，显然只能有许多的敌人。

职场里难免有这样的人，一旦他发现你的错误，他就会大声地指责你，唯恐别人不知道你犯了错误。这时，你心里一定特别窝火。不过，你很快会发现，这样的人往往人缘特别不好，别人都像避苍蝇一样地避着他。等到他犯了错误受到处分时，别人非但不同情他，反而会幸灾乐祸。原因就在于，他平日树敌太多，在他不经意的时候已经为他招来太多的怨恨。

要避免树敌，就要养成一个不去指责别人的习惯。不管别人的错误与你的利益有没有冲突，不管别人的错误是有意还是无意的，指责是对别人自尊心的一种伤害，只能促使对方对你的怨恨，别无他用。

人的本性就是这样，无论他多么不对，都宁愿自责而不希望被别人指责。如果你是一个员工，身为同事，面对别人的错误，我们可以真诚地帮助他分析原因，找到解决的办法。如果你是上司，面对下属，我们更应该宽容对待。因为任何一个成功的人都是从最基层做起的，任何一个人都不可能保证在工作中不出差错，所以我们更应该拿出自己的真诚，热心地帮助别人，让他明白自己的错误，并能及时改正。这样我们的工作圈子会是一个和谐、轻松的办公场所，而不是每天硝烟弥漫、敌我不能共立的紧张局势。

8.

己所不欲，勿施于人

“己所不欲，勿施于人”是指自己不想要的东西，切勿强加给别人。它所强调的是，人应该宽恕待人，应提倡“恕”道，唯有如此才是仁的表现。“己所不欲，勿施于人”背后的潜台词是：自己不想要的，别人也一定不想要，因此，不要强加给别人。

当然，要做到“己所不欲，勿施于人”也不是件容易的事。我们每个人都有自私的一面，当同事之间的关系因为个人利益而冲突时，要做到宽容真诚待人，并不是每个人都能做到的。这需要我们有较高的个人修养和克制自己的情绪，不要让一时的冲动造成不好的后果。

李丹大学毕业后，在一家公司做行政文员。在办公室上班不是很忙，没事时她老是喜欢说三道四，尤其是揭别人的短处。她经常跟同事说起在她居住的小区有一对夫妻，男的姓伍，身高不足一米六，人称武大郎。而他老婆有一米七以上，美丽大方。同事好奇地问：“那他老婆有没有外号呢？”李丹兴高采烈地说：“这问题想都不用想，外号肯定就是潘金莲啦。”没过多久，行政经理调到分公司去了，公司又聘了一位新经理。李丹简直不敢相信，新来的经理正是那位“武大郎”。后来，伍经理暗中得知李丹曾向其他同事说过他的坏话，虽然没有批评李丹的不是，但李丹一直得不到他的重用，平时就像个打杂的。

应该说谁都不喜欢别人在背后议论自己、说自己坏话的人，但是有的人偏偏喜欢这样做，说别人坏话的同时还不允许别人同样说他，这未免有些苛刻、自私。要求别人做到的，首先要从自己做起，把好自己这一关，才有权利去要求别人。有的人，单位里发放物品、奖金时，故意不作声，只要自己那份得到了就好，有的可以代领的也从不帮忙。日子久了，大家都知道他是个自私的人，缺乏共同意识和协作精神，以后如果有类似的事情别人先知道，也就不可能通知他了。长此下去，关系会越来越紧张，最后，他注定被孤立。还有些人，不管是工作时还是在休息中，都喜欢嘴巴上占别人的便宜，不管有理无理总是要争个赢头，让对方主动认输才肯罢休，不然就是在背后拿别人的家事当作话题，津津乐道。这种人总是在一段时间后就没人搭理了。其实，我们都明白这就是所谓的“己所不欲，勿施于人”，明明知道，如果别人这样对我，我一定会不高兴，会生气，会不喜欢，也知道这种做法是不对的，有损于同事之间的关系，但有些人就是管不住自己，这也是他们职场上失败的原因之一。

9. 人脉越宽广职场越顺畅

中国首富李嘉诚说过，他之所以能有今天的成就，并不是靠他自己的力量而实现的，而是得力于他广泛的人际关系。他的朋友什么人都有，文化界、教育界、艺术界、商业界，各行各业都有他的朋友，他交朋友也从不考虑别人是否对他有用处。富兰克林也认为，成功的第一要素是懂得如何处理好人际关系。一个人要想达到成功的顶峰，没有良好的人际关系是万万不能的。

在西方有一句话叫“一个人能否成功，并不在于他知道什么，而是在于他认识谁。”可见，人际关系已经成为现代社会不可或缺的成功条件。从一个人人脉的宽广与否可以看出他的成功与否。人脉越宽广的人，成功的机会就越大，反之，一个不懂得如何处理人际关系的人，是不会成功的。如果暗斗，相互之间视为敌人，那么，员工不可能进步，也不可能在这个团队里有任何发展。

上世纪30年代，有一位犹太传教士每天早晨，总是按时到一条乡间土路上散步，无论见到任何人，总是热情地打一声招呼："早安。"

其中，有一个叫米勒的年轻农民，起初对传教士这声问候反应冷漠。在当时，当地的居民对传教士和犹太人的态度是很不友好的。然而，年轻人的冷漠，未曾改变这位传教士的热情，每天早上，他仍然给这个一脸冷漠的年轻人道一声早安。终于有一天，这个年轻人脱下帽子，也向传教士道了一声："早安。"

好几年过去了，纳粹党上台执政。

这一天，传教士与村中所有的人，被纳粹党集中起来，送往集中营。在下火车、列队前行时，有一个手拿指挥棒的指挥官，在前面挥动着棒子，叫道："左，右。"被指向左边的是死路一条，被指向右边的则还有生还的机会。

传教士的名字被这位指挥官点到了，他浑身颤抖，走上前去。当他无望地抬起头来时，眼睛一下子和指挥官的眼睛相遇了。

传教士习惯地脱口而出："早安，米勒先生。"

米勒先生虽然没有过多地表情变化，但仍禁不住还了一句问候："早安。"声音低得只有他们两人才能听到。最后的结果是：传教士被指向了右边——意思是生还者。

好人缘不是一天两天能办到的。如果你每天都能主动热情地与人打个招呼，拿出你的真诚，总有一天，别人会为你的热情所动，会视你为朋友，多一个朋友，就意味着你多了一线生机，就像传教士一样，具有了生还的机会。在职场，相信不少人都存在对人际关系的困惑，他们认为自己的性格太内向，有的甚至抱怨自己性格不好，不讨人喜欢，总是和周遭环境格格不入。其实很多情况下，这些烦恼都是自己强加的。我们不妨试一下，如果哪天你能主动向一个人微笑，主动向一个人打招呼，主动帮别人做一件小事，你所收获的快乐绝对会多于平时你虎着脸不理会人时。职场各种各样性格的人都存在，如果我们一味按自己的性格行事，我行我素，毫不考虑别人的感受，一定会让别人生厌，失去人脉。所以，要想在职场有一条顺畅的道路，就一定要有宽广的人际关系。

在我们的工作生活中，处处都有竞争对手。许多人对竞争者四处设防，更有甚者，还会在背后冷不妨地“插上一刀踩上一脚”。这种极端，只会拉大彼此间的隔阂，制造紧张气氛，对工作无疑是百害无益。在一个团队里，每个人的工作都很重要，任何人都有可爱的闪光之处，没有人的工作是可做可不做的，没有人的工作是对公司有损无益的，有些人之所以心存蔑视，是自以为工作能力比别人强，位子比别人重要，其实，工作不同只是因为分工不同，并不是你的工作比别人重要。当你超越对手时，没必要蔑视人家，别人也在寻求上进；当人家在你上面时，你也不必存心添乱找茬，因为工作是大家团结一致努力的结果。无论对手如何使你难堪，千万别跟他较劲，轻轻地露齿微笑，先静下心来干好手中的工作，说不定他仍在原地怨气，你已出色完成了业绩。这种做法既能让人有大度开明的宽容风范，又能让人有一个豁达的好心情，还担心败北吗？

职场圈子说到底就是一张关系网，代表着共同的利益或爱好，靠共同利益编织在一个圈子中的人可以互通信息、共用资源、相互提携，而靠共同爱好建立起来的圈子，则可令办公室中的人际关系变得更融洽、更具人情味。职场人士要想获得较好的发展，甚至平步青云，除了拥有过硬的专业和技能外，还要有强大的关系网作为支持。俗话说，多个朋友多条路。朋友越多，你也就越多地为朋友忙碌，所谓为朋友忙碌，其实是为自己忙碌，为自己忙碌，就是将自己的一部分力量储蓄在朋友那里，把每一个朋友都变成自己的一部分。到任何时候，走到任何地方，只要有自己的朋友在，就不愁自己会遇到困难，因为再多的困难也有人来帮助解决。所以我们说，成功的人都有自己的关系网，也就是说，要想成功，要想让自己的职场道路越来越顺，就一定要有广泛的关系网。

第八章
智慧圆融，灵活做人：职场之路越走越宽

智是聪敏，慧是颖悟，圆是能屈能伸，融是融合无碍。智慧圆融，则是处世为人的无上法宝。为人只有智敏聪慧，圆融通达，灵动机变，才能左右逢源，进退自如，才能无往不利，事事顺心。否则，就有可能时时有碍，事事受阻，无一顺心。

1.

随时随地把握“分寸”

细观我们的周围，万事万物莫不遵循着一个“度”而存在发展。太阳与地球距离适当，才有了生物存在的可能；水在适当的温度下，才具有流动性；生命在适度的条件下，才能生存；自然界有了一定的条件，才产生了万物。不管什么事或物，如果缺少了一个“度”，事物就会不复存在。可见，“度”是天地万物生存之根本，是自然界运行变化的规律。在职场中我们所说的“度”，也就是分寸。我们的工作中到处都有多与少、真与假、轻与重的较量。有些人把这些关系处理得恰如其分，巧妙得当，就很容易得到别人的肯定与尊重，更容易成功。还有些人不善于处理其中的关系，往往好心办坏事，吃力不讨好。所以，在做人做事中，我们都要把握好分寸，把事情做得如同自己想象的一样，恰到好处，这才是我们为人处世的成功之道。

试想，如果一个人在工作中一贯我行我素，从来不考虑别人的感受，与同事交往时从不注意自己的言行分寸，总是无意中伤害到其他人，甚至在上司面前也飞扬跋扈，那么结果会是怎样的呢？同事都不愿意理他，上司对他的意见也越来越大，当这些不良因素如雪球般越滚越大时，他最终会失去这份工作，就算换一个环境，想必也不能长久。职场中这样的人并不少见，他们身上往往都有一个共同点，就是任性。他们说话往往不经考虑，由着自己的性子来，从不知道把握说话做事的分寸，势必会招来别人的反感，陷入孤立的状态。职场中还有一类人，他们容易冲动，好说狠话，我们会看见这样的情形：两个人争吵时常常会情绪失控，说出一些过火的话，以此来发泄怨气。但是这样做，根本没有什么正面效果，只会断了日后化解矛盾的后路。

在对人们为人处世、安身立命的研究中，研究人员发现，那些成功人士之所以能够在人生的道路上顺风顺水，其原因不仅仅在于他们聪明，也不仅仅在于他们勤奋，更不在于他们运用多少方法与手段，而在于他们对人性的洞察，他们懂得什么叫恰如其分，什么叫不偏不倚，什么叫见好就收。一句话，他们善于把握分寸。

不管我们做什么，都要恰到好处。大千世界，古往今来，任何事情都离不开“分寸”二字。人际关系需要把握分寸，说话要有分寸，举手投足要有分寸，人生的兴衰成败，无不在把握分寸中见分晓。

妮娜很有心计，而且很有志向，刚参加工作她就给自己定下了要成为最优秀职场女性的目标。她做了充分的准备，读了很多职场书籍，清楚只有处理好职场关系，才能实现自己的目标。于是，她开始照着书上的方法去做。或许你会认为妮娜这么用心地去经营一定会获得成功，可是事实上，她的做法非但没有赢得同事的好感，反而令所有人都很讨厌她，认为她很虚伪。原来，由于妮娜太过注重为人处世的技巧，按书中说的对同事非常关心，起初同事们还觉得她不错，但是妮娜的关心并不是发自内心，而是抱有很强的目的性的。时间久了，大家都觉得她很做作，大家都认为妮娜工于心计、太过虚伪而远离了她。

在工作中学习一些与人相处的方法是必要的，但是千万不要刻意追求技巧，以诚待人才会获得别人的真正信赖和认同。这个故事里妮娜之所以失败是因为太死板，一切都照书上所说的去做。但是生活并不是一成不变的，我们要灵活做人，才能达到我们的目标。我们的生活随时随地都在提醒我们：做人做事不能太倔强、太死板、太强硬、太自傲，说话不可太满，等等。我们所处的世界因为有一个完美的尺度，才显得端庄和谐；因为有分寸，才使得人生既有失败的懊恼，也有成功的欢欣。做人做到恰如其分，是人生的最高境界；做事做到恰到好处，是做人的最大学问。把握好人生的分寸，就等于掌握了自己的命运 。

办事掌握分寸，能方能圆，能刚能柔，能进能退，智胜而非力取。世上没有一成不变的做事方法，此一时彼一时，参透其中玄机的人，在职场上行走，才能成就人生的辉煌。

2.

能方能圆，能屈能伸

任何人的职场人生都不可能一帆风顺，总避免不了磕磕碰碰。“磕磕碰碰”时其实就是“屈”，很多人都无法忍受这种“屈”，所谓小屈小忍，大屈大忍，“屈”就是忍，“忍”又是心字头上一把刀，谈何容易？但是职场如弹簧，越能承受压力，弹性将越大，在职场中越能承受折磨越能屈，也就越能承担责任和压力，就具备了拥有更大权力和更多机会的潜力。因此，面对同事、上司，应多用欣赏的眼光看他们，要明白，任何人的成功都不是随便取得的，而是历经千辛万苦赚来的，要学会尊重他人的劳动成果，分享他们成功的喜悦。因为不能受屈而拍案怒斥的人不在少数，但我们可以细数，这些人中，没有一个成功过，没有一个曾造就过梦想中的辉煌。

一个人如果心高气傲、自以为是，就算能力再强，都将是被团队被企业所抛弃的对象。因为他没有“屈”的精神，没有屈也就意味着他就没有“伸”的可能性，也就意味着他已经如同失去弹性的弹簧，注定只能保持现状，甚至性能越来越差。

宋强大学毕业后进入了一家电子公司，由于没有任何经验，他只谋得一个测试员的职位，天天和流水线上的产物打交道，作息时间也跟着车间走，经常由于赶货加班到深夜。一个大学毕业生做这么辛劳的任务，真是有点大材小用，有人劝他跳槽，随意到哪儿找个工作，至少可以坐办公室吧，又轻松工资又高。

宋强却不为所动，在本人的岗位上干得勤勤恳恳，他原本学的就是电子专业，又经由一段工夫的操作，技能日新月异，为车间产物检测出了不少问题，挽回了公司很多不必要的损失。一年后，公司选拔他做了车间主任。之后，他不断升职，从车间主任到生产部经理，再到厂长，可谓喜气洋洋。可惜，这个场面并没有维持多久，老板从南边请来了一支专业的治理团队，想让公司旧貌换新颜，大踏步地跳上一个新台阶。

这支团队有一百多人，从生产副总到组长，一切职位悉数囊括，以前的员工或裁或调，一切人都得为这支团队"让路"。一时间，老员工们怨声载道，很多人都愤然离去。宋强也没能逃过此劫，先是被调往营销部，然后又被调到物流部，生产的事再不让他插手。

以前的老手下纷纷为他鸣不平，要么去找老板抗议，要么辞去职务走人，干吗要受这窝囊气啊？宋强却一副无所谓的样子，把他放哪儿他就在哪儿生根发芽，固然营销和物流都不是他的特长，但他也做得顺风顺水，没有大的功绩，但也没有出现差错。

新的治理团队的确带来了很多新潮的理念，但这一套是外企形式，而目前的公司是民营企业，整整半年，公司不单没有获得任何改善，反而新问题层出不穷，老板终于认识到最初的决议计划出了错，只能渐渐寻觅合适的方案。于是，公司辞掉了整个治理团队，恢复了以往的形式。

治理团队一走，整个生产部就被掏空了，此时能担此重担的，非宋强莫属，尽管被无情打压，他都没有离开公司，从未埋怨，是个绝对可以信任的人，何况他的才能也有目共睹。于是，老板亲自找到宋强，诚恳地请他出任生产部副总一职，薪水也翻了几番。

宋强很快走马上任，并招回了以前的老部下。由于对公司近况和产物都十分了解，几个月后，生产部就走上了正轨。很多人都对宋强敬仰不已，称他是超等“魔力弹”，总在被压到最低时，奋起一弹，跃上新的高度。

宋强就是典型的“能方能圆”的那种人，无论职位高低，无论晋升还是降职，都能在岗位上做好本职工作，并且毫无怨言，这就是他为什么被压到底层后又能迅速上升的原因。职场上有时候的确会遇上些不公的事情。作为职员，工作中受点儿委屈是很正常的事，与其在那儿怨天尤人，不如学会化委屈为动力，促进自己在职场的生存和发展。比如要是和上司发生冲突，你是可以一走了之，可新环境也可能存在同样的问题，你又该怎么办？如果为了逞一时之气大闹一场，而断送职业前途是根本不值得的。所以，只要不是大是大非的问题，就应该抱着“好汉不吃眼前亏”的态度，积极发挥自己的智慧和团队精神与上司、同事尽量合作，让他们发现你是个理想的合作伙伴。这样，你慢慢就会给自己创造一个良好的工作空间！不要被眼前的委屈难倒，因为被打压也是一种时机，可以突显你的重要性，展示你的人格魅力。想做职场“魔力弹”，你不单要有真知灼见，还得有宠辱不惊的智慧心态。不然，压下去，你就无法弹起来。

3. 不争一时之长短，不计一时之得失

一个人要成长，要成功，就千万别计较一时的得失，人生的成功在于一生，而不在于一时。为什么有人打工一辈子还是打工仔，而有人打工几年就当上了老板？一个人能否当老板，关键不在于学历的高低，不在于工

作时间的长短，而在于这个员工是否具备当老板的思维观念。一个员工看的是一个月的收获，一个经理看的是一年的收获，一个老板看的是一生的收获。一个人能看多远，决定了他能成就多少。越是计较眼前得失的人，越不会成长，越不会成功。要想成功必须先沉淀；要想出气必须先受气；要想抬头必须先低头；要想得到收获必须先付出代价，这是人生规律，是所有成功人所走的路。可是大多数人却不愿意这样做，当然也就与成功无缘。职场中受到批评不要过多解释，受到上级批评时，反复纠缠、争辩是没有必要的。如果你的目的仅仅是为了不受批评，当然可以“寸理不让”。可是，一个把上司搞得筋疲力尽的人，又谈何晋升呢？受到委屈或觉得不公平时，更不要去逞一时之强，有时候，看起来前方是绝路，但人生的希望就在拐角处。既然人生是一个圆，你又为何要执着于一时呢？逞一时之强的人永远也不会成为英雄的。只有懂得变通、懂得用智慧的人才可能无往不利，走出宽广的人生之路。

庄子讲过这样一个故事：一般来讲，钓小鱼的人，喜欢扛着钓竿，跟着感觉东奔西走，或是池边，或是河边，或是湖边，闹得欢乐，天天有所小得。但是王子却有大志向，他选择在海边钓鱼。他的钓钩像铁锚，钓绳像水桶一样粗。他长年累月地坐在海边的山上垂钓，无论风吹雨打，一坐十年无所获，别人都觉得他是个怪人。而十年过去了，王子终于钓到了一条大鱼，他把鱼弄上岸，分割开来，让全国人都能享受鱼肉的鲜美。

庄子讲这个故事就是告诉我们不要争一时之长短，大收获必须付出长时间的努力与等待。不争一时之长短还指在生活中真的不与假的争，形势不利时要善于退让。有时候，不与别人竞争，也意味着你对别人的宽容，显示出你智慧做人的魅力。

想做大事的人一定要有宽广的胸襟，要有远大的眼光与志向，不要争一时之长短、计较眼前的得失。正如智者所言，老鹰有时比鸡飞得还低，但是人们从来不会因此而认为鸡比老鹰要矫健。

所以我们要学会忍耐，只有善于忍耐的人，才会达到他所要求的高度。我们所说的“忍”，并不是一种“小不忍则乱大谋”，而是一种更主动的人生智慧。因为这种放弃、让予、吃小亏，往往并不一定是为了达到某一个更高的目标，而常常是出于一种预测到或了解到了不可能获得的机会和利益后的明智之举。既然如此，我们又何必煞费苦心地去争、去比、去要呢？我们反正是要失去一些的，那么，把这种必然性的东西驾驭在自己的主动权之下，岂不是更好吗？不懂得这样做的人，表面上看可能争上了碰到的各种机会，但实际上他由于完全陷于已有的机会中，则不能不失去后来的各种机会的选择。相反，有远见的人则会始终把这种主动权操在自己手中，尽管失去了一些机会，但也无妨大事。如果你足够努力，最终会得到一个回报。这个回报不是加薪或升职，也不是公司所给你的，而是你自己本领的提升和人脉的积累，这是成功中的两个关键，拥有了这两点，何愁不成功？

有一位名叫卡莱尔的书店经理，无意中发现了一封店员对他极尽辱骂讽刺的信。信中说他是个差劲的经理，希望副经理能马上接替他的职务。卡莱尔读了这封信后，就带着信跑到老板的办公室，他对老板说：“我虽然是一个没有才能的经理，但我居然能用到这样的一位副经理，连我雇用的店员都认为他胜过我了，我对此感到非常自豪。”

后来，老板不但没有撤换他，反而更重用他了。

卡莱尔能保住自己的职位，凭的是他坦荡的胸怀。他完全可以拿着这封信找到店员发脾气，也可以不露声色地将这个店员辞退，但是他都没有这样做。他知道，与其与这个店员争个长短，还不如以另一种豁达的态度来对待，因为毕竟与店员理论是不会有任何结果的。虽然与店员理论，自己一定会占上风，但那又如何呢？他能得到的仅仅是与那位店员关系的恶化，搞不好闹到老板那儿，老板还真认为副经理比他强而把他辞了呢。所以，卡莱尔赢的是智慧，是做人的品质。

4. 抛开固执，学会转弯

人的一生中，很多人信奉“一旦确定目标就要不怕困难，一定要勇往直前”的信条，有的人甚至还固执己见，即便撞了南墙也不回头。其实，这个信条有时候是对的，有时候则是错的。学会转弯是人生的大智慧，因为挫折往往是转折，危机同时也是转机。

人一生处处都会碰到行不通的时候，每每遇到，有些人就开山架桥，最后蛮力耗尽，也逃不脱“出师未捷身先死”的结局。而有些人只是转了个弯，轻松绕过障碍，就成功地到达了终点。我们很多时候需要转弯的思维。让思维转弯，是一种大智慧，有了这种智慧，四两可以拨千斤，弱小可以战胜强大，失利可以变为有利，能够以付出最小的代价获得最大的成功。

当年，克里斯朵夫·李维，以主演美国大片《超人》而蜚声国际影坛。然而，1995年5月，正当他在好莱坞红极一时、风光无限之时，一场飞来的横祸改变了他的人生。原来，在一场激烈的马术比赛中，他意外坠落马下，顿时眼前一片黑暗，几乎是转眼之间，这位世人心目中的“超人”和“硬汉”形象化身的他，就从此成了一个永远只能固定在轮椅上的高位截瘫者。他从昏迷中苏醒过来时，对家人说出的第一句话就是：“让我早日解脱吧。”出院后，为了让他散散心，平息他肉体和精神的伤痛，家人推着轮椅上的他外出旅行。

有一次，小车正穿行在落基山脉蜿蜒曲折的盘山公路上。克里斯朵夫·李维静静地望着窗外，发现每当车子即将行驶到无路的关头，路边都会出现一块交通指示牌：“前方转弯！”或“注意！急转弯！”的警示文字赫然在目。而拐过每一道弯之后，前方照例又是一片柳暗花明、豁然开朗。山路弯弯，峰回路转，“前方转弯”几个大字一次次地冲击着他的眼球，也渐渐叩醒了他的心扉：原来，不是路已到了尽头，而是该转弯了。他恍然大悟，冲着妻子大喊一声：“我要回去，我还有路要走。”

从此，他以轮椅代步，当起了导演。他首席执导的影片就荣获了金球奖。他还咬紧牙关，开始了艰难的写作，他的第一部书《依然是我》一问世，就进入了畅销书的排行榜。与此同时，他创立了一所瘫痪病人教育资源中心，并当选为全身瘫痪协会理事长。他还四处奔走，举办演讲会，为残障人的福利事业筹募善款，成了一个著名的社会活动家。

“山重水复疑无路，柳暗花明又一村”，人们古时候就知道，前面并不是没有路了，而是转过弯后，又是一处繁花似锦。在职场，有很多人觉得做眼前的工作太累，太没出路，时时刻刻都像是处在暗无天日的环境里，让人痛苦而疲惫。那么，我们何不换一种思维，换一种生活方式呢？

学会转弯的关键在于我们要抛开固执。固执是坚持成见、不懂变通的心理现象，我们把它叫作冥顽不灵。在日常工作中表现为缺乏民主作风、一意孤行，只相信自己不相信别人。固执的人常常发生与朋友分手、与恋人告吹、夫妻不和、父子反目等情况，因而可以说，固执是人际交往的大敌。固执的人大多是自尊心太强的人。当然，自尊作为人的一种精神需要，是可以理解的。但有些人光有自尊而没有睿智的思想、熟练的技能、幽默和风趣的谈吐、精辟的论证、高尚的品格以及谦虚的态度，因而只能用执拗、顶撞、攻击、无理申辩等方式来满足自己的虚荣心，使固执在这种满足中得到发展。这样，必然会影响与他人的正常交往。一个人在生活中固执点，也许大家都可以容忍。但是，在职场中，你的固执会给公司带来损失或给工作带来不便的时候，就没有人再容忍你了。小事倒也还无所谓，在原则性的大是大非面前，你就必须抛开固执，学会转弯，否则，你将被你的团体、组织所淘汰。

学会转弯并不是退缩的表现，而是为自己开拓一片新的天地。明明前路险阻，而转弯便是大道，为什么要固执地朝着险阻走去呢？只不过是转一个弯，就能让前路的险阻变成平坦大道，这是个很容易选择的事情，偏偏有的人不会。

人生就是这样，应该学会转弯，不能拘泥于形式。当你在工作中屡屡受挫时，你该想想是否应换一种方式来重新走一条路。转弯可以实现自己的宏愿，转弯可以使你的成就更大。就如前人所说，我们无法改变天气，但我们可以改变心情，我们无法改变别人，但我们可以改变自己。抛开固执，拿捏好个性的分寸，在恰当的时候学会转弯，做一个灵活变通的职场人，我们离成功就又近了一步。

5. 凡事适度，不说过头话不做过头事

身处职场，不管做什么都要讲究一个“度”。说话不要太满，做事不要太绝。在考虑事情时既应有全力以赴的进取准备，也要注意给自己留条退路。这样，进可攻，退可守，才会没有后顾之忧。世上没有绝对的事，即使认为自己有把握能做好的事情，也有可能因发生意外而归于失败。因此在成功之前，话不能说得太满，事不能做得太绝。凡事用最大的努力去争取最好的结果，同时也做好失败的心理准备、物质准备和应变措施。在追求利益时，既要考虑到成功的一面，也要考虑到有失败的可能，两者兼顾，方能周全。在欲进未进之时，应该认真地想一想，万一不成怎么办，及早为自己留一条退路。

有一个小孩，从小就不爱说话，但只要话一出口，必定是伤人至深。所以父母因此遇到几次麻烦后再也不敢带他出门了。这一天小舅子家喜得贵子，夫妻俩要去祝贺。孩子见状，苦苦相求，一定要去舅舅家凑凑热闹，夫妻俩哪敢答应？但经不住孩子一再苦求，便心软下来，答应带他去，但规定自始至终不许说话，否则从此别想再出门。孩子连连点头，保证绝不开口。到了那儿，孩子果然只是东看看，西逛逛，一天没有说话。夫妻俩对此还算比较满意，酒足饭饱后起身告辞。走出大门好远，孩子回过头来对着送他们出门的舅舅大喊："舅舅，这次我可是什么话也没说，你家孩子要是死了，可别怨我啊。"

显然这种人是每个人都怕避之不及的，哪怕有时候说的话只是有口无心，但听起来总是让人不舒服，所以，这种人不管走到哪里，都不受欢迎，都是被排斥的对象。这只是个小孩，不懂人情世故，随口胡言乱语就已经让人受不了，如果在职场，这样的人，恐怕早就被人揍出大门了。对于职场人，每天打交道的人多而杂，我们不仅要谨慎处理好自己的工作，还要注意自己的言行，千万不能因为一时之气而把话说得太绝，把事做得太绝。有的人想：不能做得太绝，那我就只管热情对待身边的人吧，这样总不错吧？当然不错。对一切事物抱有积极热情的态度，是为人处世所必须的。比如你想得到朋友、同事的认可和接纳，就必须首先主动敞开自己的胸怀，讲真话，做实事，以诚相见，这样朋友被你的诚实所感动，会从内心深处喜欢你，愿意与你真诚交往。但是你千万要注意自己是否热情得过了头。比如涉及朋友的隐私之事，你却不知眉眼高低，非要帮人家忙里忙外，让朋友难为情，既不好拒绝你，又无法接受你，搞得非常尴尬。再如你讨好领导，自觉与领导亲密无间，对领导的阴暗面都知晓得一清二楚，那么你迟早是要倒霉的。所以，就算是热情，也要把握好分寸，不能过头。

凡事要有度，超过那个度，就会走向它的反面，留有余地才能让事情有所回转。语言是人们交流思想的工具，该说的时候不说不行，说多了也不行，该说时不说，是对人的不礼貌，说多了则可能出问题。该说的非说不可，不该说的只字不提，话不在多，关键是要说得恰到好处。

一位留美归国的硕士应聘到一家贸易公司上班，他不但学历高，口才极佳，业务能力也强，在会议中屡展头角。可每当听到其他同事提出一些较不成熟的企划案，或是某些时候得罪他时，他总会毫不客气地破口大骂。在他的观念里，这样并无不妥。因为这一切都是“事出有因”，如果不是别人有误在先，也轮不到他开炮。

然而，他的态度却让他在同事间成了只孤鸟，没过多久，他选择离开了公司。当然不是因为能力欠佳，而是因为人际压力，同事都疏远他，把他孤立起来。而一直到他离职前，他仍不断地问自己：“难道我的观点错了吗？难道我发的脾气都是没有道理的吗？”至此他还不明白自己为什么会被孤立。

给自己多留点儿余地，就是无论什么情况，都别做得太极限了，就像人们所说的那样：“做人不能太倔强，太死板，太强硬。懂得变通，灵活做人，才会轻松顺畅。”凡是话说得太满的人，一定会表现出极端性格。所谓“得意时勿太快意，失意时勿太快口”就是这个道理。人生很长，不知道什么时候会冤家路窄遇到对方，更何况山不转路转，做事不能不留丝毫余地，表面上是没有给别人回旋的余地，但从内在或是长远来看，则是将自己推入了一条没有归路的死胡同。尤其是同行之间，凡事应该以和为贵，面对各种性格的同事、对手和合作伙伴，我们一定要把握好做人的尺度，让职场人生更精彩。

6.

进退得当，该糊涂时不妨糊涂

人生一世，在很多时候是认真不得的。在该糊涂的时候还一味坚持所谓的原则，只能给自己带来无尽的纠纷烦恼。我们既然已经身处职场，就只能遵循职场规则。只有拥有容人所不能容、忍人所不能忍、善于求大同存小异以团结大多数人的糊涂智慧，才能在职场中如鱼得水，拥有数不尽的发展机遇。面对大家共同的利益，面对自己前途的发展，如何处理其中利害问题，对人对自己都有着极大的影响。处理得好，不仅能得到他人的赞赏，更能为自己的前途发展增加筹码，处理得不好，不仅自毁前程，还会威胁到他人的利益，从而使自己陷入四面楚歌的境地。在职场中，不要凡事都斤斤计较，该糊涂时就糊涂，适当的糊涂能够有效地为你省去很多不必要的麻烦。虽然看起来在小事上吃了亏，却往往会在大事上成倍地赚回。

糊涂说起来容易，做起来却有难度。凡是那些表面上看似糊涂的人，心里却是将万事洞察得一清二楚，经过深思熟虑的。这种人往往也是大事的成就者。

小倩大学毕业后在一家公司上班，工作一段时间后，她发现专门负责活动策划的主管许姐对她有点儿看不上眼。有一次，一个活动策划方案要最后定稿，大家都聚在一起讨论方案的问题，看还有哪些地方需要进行修改。小倩发现其中有一个环节有点小问题，便说："这个活动由商家赞助，是不是安排他们先露面？"别人还没有说话，许姐就不高兴了，她柔中带硬地说："一直以来，活动都是这么做的，没有出现过什么问题。这样的活动我负责得多了，对于这些方案你懂多少？”

小倩听着许姐的语气很不客气，觉得很委屈，她想就算许姐是策划部的主管，工作时间长，经验多，也不能倚老卖老，不接受别人的意见啊。

事情过了也就算了，小倩也没放在心上。可是过了一段时间，传出这个方案没有通过，因为赞助商觉得没有让他们先露面而拒绝了这次活动。整个部门都心知肚明，是许姐阻止了小倩的提议而让这次活动泡了汤。同事们纷纷给小倩出主意，让她“出一口气”，可小倩还是一如既往地做着自己的事情，装作什么都不知道。倒是许姐，每每看到小倩觉得有些不好意思，但看见小倩装作糊涂，也就不说出来，一来二去，渐渐对小倩的态度有了改变。

初入职场的人大都不能把握进退分寸，以至于觉得工作艰难而辛苦。那么，什么时候该冲上去表现自己，什么时候该退到后面聆听观察，这是让很多人头疼的问题。但是只要我们具有灵活的头脑，智慧地处事、在合适的时间、合适的地点，说合适的话、做合适的事情，就会事半功倍。

有人说办公室就是没有硝烟的战场，每天都有明争暗斗。想要在办公室的斗争中，处于不败之地，必须能够掌握主宰你命运的人的需求，必须学会观察、聆听和分析，从而掌握什么时候该进，什么时候该退，什么时候该聪明，什么时候该糊涂。那些掌握你命运的人可能是你的主管，你的部门经理、总监，甚至是大老板。每天和他们在一起工作交流，很多有用的信息都摆在你的面前，这时候就需要通过对表面现象的观察和分析，找出对自己有利的信息，帮助自己准确定位。面临“办公室政治”的挑战，没有必要去追求绝对的公平和原则，而是应该找到一个变通和所有人都能接受的工作方法，有的放矢和游刃有余地处理和控制。升职加薪的确需要努力工作，真才实干的确是重要因素，但是在办公室生存，如果不懂得变通和适应环境，再能干、再努力也仍旧会原地踏步，难步青云。

面对办公室的事情，我们有如下技巧：正事聪明些，小事糊涂些。正事有两种：一种是公司的正事，如本职工作、领导交办的事、公司目标等；一种是自己的正事，如合同、薪水、待遇、升迁，等等，对这些事都要清楚些，除此之外的事，可算是些小事，可以糊涂些。工作聪明些，关系糊涂些。对自己的工作一定要清楚，要丁是丁，卯是卯，不能含糊，“大概、可能、好像”尽可能不要说。处理人际关系方面，变数很大，非常微妙，还是做和事佬，少表态，不背后议论他人，糊涂些好了。想好了就聪明些，未想好就糊涂些。职场上会遇到许多事，对于已经深思熟虑、想好的事，可表现得聪明些，提出自己有独到见解的意见和建议；对突发的、拿捏不准的事情，要表现得糊涂些，不要轻易表态，等想好了后再提出自己的意见。

其实，会糊涂的人才是真正的智者。在待人处世中，许多时候装得糊涂一点，往往比过于敏感更有利。适当装糊涂并不是软弱，而是与人相处时的一种智慧，这种智慧能让你得到无数的好处。

7．多替别人着想，其实也是为自己打算

卡耐基说：“世界上唯一能够影响对方的方法，就是时刻关心对方的需要，并且还要想方设法满足对方的这种需要。”有的人认为自己的利益是最重要的，只有满足自己的利益之后才去考虑别人的利益，以为只有这样才是赚，岂不知别人早就看穿了你的为人，而不愿意与你合作了。所以不论从事何种职业，不论面对任何人，我们都不要急着考虑自己的得失，而要先考虑一下对方的利益，有的时候帮助别人就是帮助自己，机会往往就藏在我们看不到却又触手可及的地方。

人际交往的一条重要原则就是先替对方着想，再为自己打算。一个人如果事事都把自己的利益放在第一位，我们常常会说这个人很自私，鄙视其为人，自然就会很少与之来往。相反，如果一个人事事都为他人着想，那么我们就会敬佩他的为人，乐意与他来往。思己及人，为了创造一个和谐良好的人际交往环境，为了能在职场的道路上走得更加稳健，我们应该尽可能地为对方着想。多从对方的立场角度考虑问题是理解人、尊重人的重要技巧。人们考虑问题和事情大多以自我为出发点，但由于人们的价值观、态度、愿望及所处的时间、空间和其他条件不尽相同，对同一件事情的看法可能会有很大的差异。因此，人们在相互交往过程中，难免会在思想上产生分歧，为了更好地理解他人，就要凡事跟别人"调个位置"看看，必能增进相互间的了解和支持。而这些，表面上看，是对别人有利，其实是自己也在中间得到了好处。

所谓"助人者，人助之"，办公室中，同事们在工作上、生活上互相关心、支持和帮助，无疑是最重要的。当对方遇到困难、挫折或者工作上出现了"漏洞"，这时候能及时给予相应的支持和帮助，是最有价值并最能产生"特效"的。这样不仅能及时解决对方的困难和问题，还会使对方倍加珍惜和感激，从而也为自己的职场道路增宽不少。这是一种做人的智慧，也是职场人获得成功不可缺少的部分。

陈凯在一家汽车公司做销售，刚开始，因为摸不清楚客户的心理，他的销售业绩非常不理想。经过一年多的努力，陈凯渐渐了解了不同类型的顾客会买不同类型的车，男女顾客喜好的车也会有所不同。就这样，陈凯的业绩慢慢好起来，薪水也随之不断增加。

这天，公司新来了个刚毕业的大学生小李。小李刚从学校进入社会，没有一点儿销售经验。另外，小李衣着简朴、不善言谈，同事们一看就觉得他不是做销售的材料。因此，大家都离他远远的，生怕他耽误了自己的事。

只有陈凯没有这样做，他看到小李这种境况就像看到当初的自己一样，他觉得这个时候小李是最需要帮助的。因此，陈凯不仅关心小李，而且还传授一些经验给他。

可是卖车毕竟不是卖小商品，不是随便就能够卖出去的，眼看两个月就要过去了，陈凯知道，小李要是还没有收获，就有可能失业。

到了月底那天，陈凯悄悄地对小李说："我最近签了一个单，先记到你名下吧，先过了这道关，以后好好努力，我相信你一定能行。"

小李听了觉得不是很妥当，可是又没有什么好的办法，就对陈凯说："那好吧，单子签我的名，等到发业绩奖金，钱一定要给你。"

陈凯笑着说："不要急，等你下个月签了单，再给我也是一样的。"

同事小张看到陈凯这样做，就劝陈凯说："小李一点儿灵性都没有，根本不适合做销售工作，你不能总这样帮他。看看人家小吴，多精明？跟她套套近乎，将来肯定能跟着沾光。"

"小李是新人，我们应该多帮帮他。"陈凯淡淡地说。

就这样，陈凯帮小李度过了难关。

一段时间后，一天，公司老板叫陈凯去他的办公室。陈凯走进老板办公室，发现小李也在那里。经过介绍，他才知道原来小李是老板的侄儿，是学管理的，研究生毕业后老板希望他到公司帮忙，并希望他从基层做起，于是小李以普通员工的身份进入了公司。通过一段时间的接触，小李发现陈凯不仅工作能力突出，而且为人友善，乐于帮助同事。正好，公司要提拔一名老员工，鉴于陈凯的优秀表现，小李就向老板推荐了陈凯。

老板高兴地说，公司就是需要他这样的员工，不仅业务出色，而且品德也非常优秀，这样的人才能进一步拓展公司的业务，也能够为公司营造出一种积极、互助的工作氛围。

也许有人认为主动帮助同事、新人、客户以及供应商，老是替别人着想，并乐此不疲，不是一个聪明的举动，也未必能得到相应的回报，但至少会让你周围的人了解到你的善意。办公室中一个好的口碑可能不会让你免受伤害，但一定会帮助你在受到伤害后有机会复原，不至于一败涂地。从这一方面来讲，替别人着想，同时也是在为自己打算，使自己日后有更大的发展空间。

8. 成大事更要注意细节

"一屋不扫，何以扫天下？"从古至今，成大事者，都是注重细节的人，他们明白一个道理，如果连细小的事情都做不好的话，谈何做大事呢？任何大的成功，都是从小事一点一滴累积而来的。所以，一个人要想成就大事业，就要先着手于小事，从细节做起，从点滴着手，一步步前进。

一个跨国大公司高薪招聘人才，群英汇集。董事长对应聘者进行面试，试题很简单，应聘者一个个自信满怀。出人意料的事发生了，那些研究生、博士后竟都没能入选，快快而去。这时，有一位应聘者，走进客厅，看到地毯上有一个纸团，地毯很干净，那个纸团显得很不协调，应聘者毫不迟疑地捡起纸团，准备将它扔到纸篓里的时候，董事长兴奋地对他说："朋友，请看看您捡起的纸团吧！"这位应聘者打开纸团，只见上面写着："欢迎您到我们公司任职。"几年以后，这位捡起纸团的应聘者成了这家著名大公司的总裁。

面试试题只不过是应聘的一个幌子，重要的是做好细节。一些志在必得的应聘者纷纷在这里败下阵来，因为他们忽视了一个不经意的细节。

台湾有一位博士，在意大利某名牌鞋店买鞋，最合脚的尺码卖完了，选了一双小一号的，但有一点儿紧，反正鞋穿穿会松的，于是要掏钱买，可售货员拒绝卖给他，理由是顾客试穿时表情不对劲，她说："我不能将顾客买了会后悔的鞋子卖出去。"

我们可以想象，这种精细的服务，在全球估计都找不出几家，也正是因为这样，鞋才会是名牌，店也是名店。也许很多鞋店的销售人员根本没有看过别人的脸，更不知道别人在试鞋时的表情，更不会因为别人的一个表情而拒绝把鞋卖给他。我们大多数人的意识是，不管别人想法如何，合适不合适，只要愿意掏钱，就证明认可了这件商品。老子曾经说过："天下大事，必作于细。"这家鞋店因为作于细，才有了成功，才成为了全球的知名品牌。

有人曾在一所财经大学课间做过一次小小的测试。一个班 50 位大四的学生，每人模拟填写一份增值税发票，结果填写完全正确的只有 2 人。作为学生，一张票据十几个栏目填写错了一两个栏目，老师还会给个 70、80 分；但作为企业的职员，发票填错一栏，整张票就作废，那就是 0 分；如果填写错了没有被及时发现，那就麻烦大了，就不只是 0 分的问题了。如果你去公司财务部就职，发票若老是开错，你就该走人了。

一位作家这样说过："无论做什么事情，都应该尽心尽力，一丝不苟，因为究竟什么才是大局，什么才是最重要的，这一点其实我们并不清楚。也许，在我们眼里微不足道的细节，实际上却可能生死攸关。"

工作中无小事，只有看不起工作的人。我们都曾经忽略过工作中的琐碎事，或者认为自己做的是琐事而敷衍了事。请摒弃那种对自己和公司都无责任感的工作态度，不论你从事哪一项工作，请重视起工作中的任何一个细节，因为细节有可能就是决定你所从事的事情成败的关键。

刘欣是一家韩资公司的总裁助理。一次，公司打算开研发产品推广会，部门所有的人都连夜准备文件。上司分配给刘欣的工作是装订封套，因为刘欣进这家外企才半年。刘欣的上司是一个五十多岁的韩国老头，他一再叮嘱刘欣："一定要做好准备，别到时候措手不及。"刘欣听了不以为然，心想："这种小学生都会做的事，还用得着这样婆婆妈妈地嘱咐我？"于是她没怎么理会。文件终于到了她手里，她开始一件件装订，没想到订了二十几份，钉书机"咯噔"一声空想，钉书针用完了。她漫不经心地抽开钉书盒，脑子里轰地一响——没有钉书针了！她马上到处找，找来找去还是找不到。平时随处可见的小东西，现在竟连一排也找不到了。当时已是深夜，而文件必须在明早九点大会召开前发到代表手中，上司怒不可遏地对她大喊："不是叫你做好准备吗？怎么连这点儿小事也做不好？"她低头无言以对。

刘欣的错误不是她没能力把文件装订好，而是认为这样的工作轻而易举，对小事没有足够重视，她不懂得小事影响大事，凡事都要从小事做起，有时候一点点小事，却可能影响整个大局。

不要忽略每一个细节，也许，影响全局的就是这些毫不起眼的细微之处。我们缺少的不是拥有雄韬伟略的战略家，而是一步一个脚印的执行者。有时候，一个微不足道的细节，就会葬送一个宏伟的计划，而一个精确、生动的细节则可以成就你的事业。人们都想成就一番事业，却不愿意或者不屑于做小事。事实上，在这个分工越来越精细的社会，真正的大事实在太少，更多的是具体的、琐碎的、单调的小事。小细节并非真的微不足道，往往孕育着大机会。人们总是把获得机会的客观条件看得很重，偏执地把机会的得失归结于天时、地利等客观因素上，而不从自身找原因。殊不知，成功之人从不忽视任何一个小细节，不放过任何一个可能的机会。如果你能脚踏实地地从每一件小事做起，再平凡的你也会做出不平凡的事情来。

9.

善于“补位”，从不“越位”

越位，顾名思义，就是做了本不属于我们责权范围内的事。一般有三种情况：一种是下属越上司的位；另一种是平级越位或者说是同事之间越位；第三种情况是上司手臂过长，控制欲过旺，想要垂帘听政。三种情况都会引发被越位者的不满，进而破坏职场上的人际关系。当下属越了上司的位时，会让上司产生不被尊重、权威受到侵犯的感觉。为了捍卫自己的权威，他在以后的工作中必然处处警惕、事事留心地防范和制约我们，这就为我们和上司的关系埋下了隐患。另外，我们的越位行为如果没有被及时阻止，那么就会引起其他同事的效仿，这样一来，不仅上司无法正常行使权力，导致管理混乱，还会引起同事的更多反感。当我们越了同事的位时，就算同事不认为我们在搞恶意竞争，也会在客观上带来权责混乱的后果。当上司越下属的位时，下属会觉得被捆绑住了手脚，才能无法发挥，从而失去对工作的热情。

叶一峰在公司做助理已经六年，兢兢业业，深得老板赏识。一天，老板一走进办公室，就着急地对叶一峰说：“上周我让你给宏大公司发传真，和他们中止合作并将人家奚落了一顿。现在看来，我做错了，你快告诉我电话，我要亲自向人家道歉。”叶一峰得意地说：“那个传真我没有发。”老板一愣，叶一峰解释说：“我认为那个传真欠妥当，所以我没发。”老板又问：“上周我让你发给欧洲的那几封信，你发了没有？”叶一峰说：“我都发了，我知道什么该发，什么不该发”。老板一时无语，过了一会儿，气冲冲地走出了办公室。不一会儿，叶一峰就接到了人力资源部的电话，他被解雇了。叶一峰找到老板问：“难道我做错了吗？”老板说:“办公室里只有一个老板就足够了。”叶一峰无奈,只好离开了公司。

看起来老板辞去叶一峰的借口有些强词夺理,却切中要害。在工作中,无论你与老板关系多么亲密,你也不要逾越与老板之间的界限。该老板决定的事情,就一定要老板拍板,你所做的只是给他提建议和执行他下达的命令。即便老板不在你身边,事情又微不足道,你能够处理,也不要轻举妄动,你所要做的就是及时向老板请示,得到老板的授权后再处理,这样你在老板面前的形象才会变得更加正面。

补位,在职场中却是聪明的人做法。在一个企业中,因为事务繁忙,总有人员出现空缺的时候,即便人才济济,管理者在分配任务的时候,也可能会在某个细节上出现漏洞。这时,更需要有责任心的员工及时查漏补缺,及时补位。每个公司都会出现一些无人负责的事情,这时就需要员工有一种补位意识,特别是在责任出现交叉的时候,员工更要以公司利益为重,从维护公司利益出发,从拓展公司业务出发,把相关工作做好。多做一些事情,做的事情越多,你的地位越重要,掌握的个人资源和工作资源也就越多,情形对自己也就越有利。人在职场,我们不但要做好自己的本职工作,还应当善于“查漏补缺”,采取有效手段及时处理工作中出现的种种问题,不仅把工作做到位,还要在不越位的情况下随时准备补位,这样我们才能成为企业最需要的员工。这样做也就是给自己的成功架设了更多的梯子,自然比别的员工拥有更多的提升机会。

一般的规则要求是工作要到位,善于补位,不要越位。不要越位是说公司的有些事情牵涉到管理权限,如果没有上级的授权,超越了管理权限,会导致权责不清。无论如何,应该由你负责的事情,就一定要管住管好;不该你管的事情,则要根据实际情况,主动配合主管人员把事情处理好。特别是当老板不在的时候,更要以公司利益为重,从维护公司利益的目的出发,从拓展公司业务的角度出发,把相关的工作做好,但是,不越位不等于不补位,应及时、有效地弥补工作中的一些小缺点、小漏洞,做到尽善尽美。

不越位，及时到位、补位，这些都是职场技巧，是要用智慧、用头脑才能处理得好的。身在职场，我们不仅要有过硬的专业技术，还要有行走职场的法宝，才能让自己立于不败之地，职场之路才能越走越宽。而这些并不是我们从书本上就能学到的，而是需要通过长时间的经验积累，在问题面前灵活运用，以良好的心态要求自己，才能做到的。

第九章

拼搏进取，自信做人：你的成功无人能挡

有哲人早就说过："自信是成功的第一秘诀。"很多时候，失败不是因为你缺少干事的才能，而是你心里没有那份成功的底气，因而自暴自弃，没有去好好拼搏，反倒抱怨命运不济。其实命运无所谓好与坏，成功也绝不只属于别人，只有你心中充满自信，努力进取，抓住一切改变命运的机会，才会得到好运的馈赠与垂青，成功也才无人可挡！

1.

主动抓住一切机会

对职场中的个人而言，近年来竞争越来越激烈。整体上供过于求的人才市场使得每一个个体，尤其是尚无经验的新人，在进入职场的关口就遭碰到激烈的竞争。好不容易过五关斩六将进入了某个企业，又发现企业中的资源、机会、可晋升的职位等都是有限的，而期盼着得到这些机会的人却为数众多。有些人面对机会措手不及，眼睁睁地看着机会从身边溜走而懊恼，有的人则主动上前一步，牢牢抓住机会。结果可想而知，能抓住机会的人一定就是那个成功的人。

很久很久以前，两位不相识的英国青年杰克和约翰不约而同去某个海岛寻找金矿，到海岛的船很少，半个月一班。为了赶上这趟船，两人都日夜兼程。当他们双双赶到码头还有100米时，船已经起锚，天气奇热，两人都口渴难忍。这时，正好有人推来一车柠檬茶水。船已经鸣笛了，杰克只瞟了一眼茶水车，就飞快地径直向邮船跑去。约翰则抓起一杯茶就喝，他想，喝了这杯茶也来得及。杰克跑到时，船刚刚离岸一米，于是他纵身跳了上去。而约翰因为喝茶耽搁了几秒钟，等他跑到时，船已经离岸五六米了，于是，他眼睁睁地看着船远去。

杰克到达海岛后，很快找到了金矿，几年后，便成了亿万富翁。而约翰在半个月后勉强来到海岛，却因为生计问题只得做了杰克手下的一名普通矿工。

机会总是转瞬即逝的，不会为某个人而停留。当条件改变了，机遇也就消失了，因此要把握住来之不易的机会，切忌因为一点儿小事而白白浪费了机会。在职场上，经常有许多职场人士抱怨世上缺乏发现人才的伯乐，使自己难以有施展的平台，或者领导偏心眼、不公正，不给自己提供机会。这种现象也许存在，但是职场人士如果不会从自身发现问题，不能分析自己在面临机会时的把握和识别能力，就只会在愤世嫉俗甚至颓废的路上越走越远。

李强是一个谨慎的人，他简直是个树叶落下来也怕砸到脑袋的人。他平时不爱说话，只知道踏踏实实，埋头工作，一年内为研究所搞出两项科研成果。对此，研究所所长非常欣赏他，有意提拔他为副所长。可是，每一次所长把自己的意思说给李强时，李强总是谦虚地说："我不行，我真的不行，您别为难我了。"这样经过三次后，所长再也不找李强谈话了，把另一个在能力上不如李强的研究员提拔为副所长。其实，李强并不是不想当副所长，人都有渴望名利的欲望，而且提升为副所长后在分房及福利待遇上都会有很大好处。可是，由于他拘谨，机会与他失之交臂了。

本来是非李强莫属的职位，生生地被所长给了别人，都是拘谨惹的祸。拘谨很多时候来自于不自信。只要多给自己壮胆，多给自己鼓劲，随时注意调整好自己的情绪，拘谨就会被克服。壮胆不是凭着傻大胆，鼓劲也不是乱鼓一气，而是要在拓展胸襟、开拓视野的基础上，有理有利地去做。职场上过分的拘谨，容易使你失去进取的机会，失去许多本可以交得好朋友的机会，错过上司或老师赏识你的可能性，漏掉施展才华、发挥才能的机会。人世间处处充满竞争，没有自信就有可能在竞争中失利，所以，你在上级面前应该有适当的表现。只要你有信心、肯努力，就没有跨不过去的障碍。当机会到来时，我们不能好好把握；等机会错过了，又心存不甘。与其这样矛盾，还不如首先就勇敢上前，把握住身边的机会，施展自己的才华，为公司出力，使自己职位、能力双丰收。

随着城市人口的不断扩张，人们挤公车已经成为常态，尤其是上下班的时候，你稍有不慎，可能就会成为“弃儿”——因为已经没有任何可以让你立足的地方了，而就算你幸运地坐上了一个位置，但是你只要一离身，人们就会以迅雷不及掩耳之势占领原本是你的位置。竞争激烈的职场，其规则其实和挤公车的规则非常相似。一个岗位，申请者和竞争者众多，得到一份工作，非常不容易，而一旦放弃自己的职位，就会有成千上万的人汹涌而来。也许公车中的座位对个人并不重要，但工作却关乎我们的温饱和发展。生活其实就是一场和危机争夺生存机会的对垒，想要获得胜利，唯一的出路就是把握住人生中的机会，看准人生目标，朝着目标不断奋斗。

每个人都渴望机会的降临，但很多人却不知道如何抓住机会，甚至看不清哪个是真正属于自己的机会。机会其实就在我们身边，就在我们不经意的小事里，在我们的言语里。只要你主动抓住机会，不放过任何一个能成功的机会，就会比别人进步得快。

2. 勇于接受任何挑战

在职场中，很多人虽然颇有才学，具备种种获得老板赏识的能力，但是却有个致命弱点：缺乏挑战的勇气。他们只愿做职场中谨小慎微的“安全专家”，对不时出现的异常困难的工作，不敢主动发起“进攻”，一躲再躲。他们认为，要想保住工作，就要做好熟悉的一切，对于那些颇有难度的事情，还是躲远一些好，否则，就可能撞得头破血流。这样的人，终其一生，也只能是个平庸的人。

职场人士不乐意接受棘手的项目，原因很多。比如，日常工作已经够多了，新的有挑战的工作不会带来更多的薪水，反倒会干扰日常工作；接受了比较难的工作，老板会布置更多更难的工作，甚至以后就将这个棘手任务作为以后工作的标准。再比如，在“不求有功，但求无过”的企业文化中，万一完成不了挑战性的工作，会给老板带来不好的印象，影响自己的升职。不过，从现实中看，接受挑战是一个更为明智的选择。因为老板对于员工的能力会有一个评估，不会将远远超过员工能力的项目交给他，而且老板可能也已充分想好员工做砸了这件事的退路。更重要的是，这是一个员工超越日常工作的机会，是发掘自己潜能的重要机会。经过了这个困难的阶段，以后的工作可能会开辟全新的领域，或是站在一个更高的高度。迎接这样的挑战，为老板创造了条件，也为自己升职创造了条件。所以，敢于接受挑战的人，机会会远远多过那些不敢接受挑战的人。

毕业后，经过多次应聘，李明成为了深圳一家机械装备公司的业务员。因为还在试用期，所以，他还没有机会承揽多少业务。

总经理从某些渠道得知，西部地区某小城需要他们公司的机械设备产品，就有意选派人员前往。大家都知道这项任务绝非美差，因为当地的生活条件艰苦不说，工作上还很难出成绩，于是，大家纷纷找理由推诿——有的说自己手上的案子要跟进，有的说家里有事不能离开。而李明向来有不服输的性格，就主动揽下了这个艰巨的任务。

到了那儿，李明才发现，当地的情况比想象中的还要糟糕。在小城出差的日子并不尽如人意，真令人有度日如年的感觉。更让李明灰心的是，在该城联系的几家工厂都没有采购他们的产品，虽然李明尽了最大的努力，但只有一家签了初步合作的协议。

回到单位后，因为李明敢于接受高难度的工作任务，不推三阻四，老总不但并没有责怪他，还对李明的工作给予了肯定，认为他有进取心，责任能力强，敢于接受挑战。试用期一过，李明就顺利地转为正式员工。从这以后，李明工作上更加积极，公司也对他青睐有加。很快，李明就独当一面，被公司任命为一家分公司的经理。

渴望成功，渴望与老板走得近一些，再近一些，是多数员工的心声。如果你也在其列，那么当一件人人看似“不可能完成”的艰难工作摆在你面前时，不要抱着“避之惟恐不及”的态度，更不要花过多的时间去设想最糟糕的结局，也不要不断重复“根本不能完成”的念头——这等于在预演失败。自信地主动接受它，用行动积极争取让这一挑战成功或接近成功。让周围的人和老板都知道，你是一个有自信、富有挑战力的好员工。这样，你就不用再愁得不到老板的认同了。

如果你希望在工作上有所成就，就一定要改变畏首畏尾的自卑心理。相信自己，从根本上克服这种心理障碍，去除“不可能”这一自我否定的阴影，用信心支撑自己完成在别人眼中“不可能”的工作。有句名言说“现实中的恐惧，远比不上想象中的恐惧那么可怕”，所以敢于面对挑战，鼓起勇气，多试几次，哪怕是非常可怕的事件，只要你告诉自己，有应对它所需的资源，你就有足够的勇气去面对它。

我们不要害怕失败，世界上所有成功的人都是经过失败走向成功的。要有“屡败屡战”的精神，把失败当成通往成功的垫脚石，当你遭受失败越多时，你就会离成功越来越近。当然，你必须要有足够的勇气来接受不断的挑战，并且不断地去努力进取。

3.

充满自信,相信自己一定可以

如果有一个人连自己都不相信,还能指望别人相信吗?作为职场中的一员,随时处在竞争中,我们要相信自己一定能行。只有具有强烈自信心的人,才能够承受各种考验、挫折和失败,拥有这种自信心会使我们受用一生。在办公室里,你可能是个不起眼的小角色,别人丝毫不会注意到你,这时,自信是你唯一的生存法宝。你应该积极主动地向前迈出一步,说出一句:“我行,我可以!”,去积极争取表现的机会。譬如主持一个会议或实施一个方案,主动承担一些上司想要解决的问题,或者主动、真诚地帮助你的同事,替他出谋划策,解决一些难题。如果你能做到,哪怕只是其中的一点,你的内心就会发生变化,变得越发有信心,别人也会越发认识到你的价值,对你和你的才能越发信任,因此你在办公室里的位置也会发生显著的改变。

自信不是财富,但它会带给你财富。拥有并保持十分的自信,你就拥有发言权,就会得到升迁的机会,就会拥有自己的办公室,就会承担新的更具挑战性的工作,得到的成功机会也就更大。自信会让你更清晰地认识自己所扮演的人生角色,自己在哪方面有足够的能力,还有哪方面需要再发掘,这样才能让你拥有足够的成功筹码。我们可以低调地做人,但一定得自信地做事。对自己要求高,总是觉得自己还有所不足,这是前进的动力。但是在做具体的事情的时候,要给自己打气,相信自己能做好。

“老板叫你。”当新来的女秘书尽量压低了声音和我说话时,周围的同事都站了起来,好像在看一个死人。在这家公司做了五年,经历了三次裁员风潮的我,终于还是没能躲过这一劫。可为什么是我呢?我负责的这个部门是赢利的呀。

我惴惴不安地走进老板的办公室，只听见老板站起来说："小张，周末有时间吗？我们一起去滑翔吧！"说完就让我回来了。

出了老板的办公室，看到大家都低下头，偌大的办公室没有一点儿生气，走到自己的位置上时，我仍然是一头雾水：是业绩太差，还是老板要对我奖励？不知不觉已经到了下班的时间，我快速收拾东西出了办公室。

周末很快到了，等到我们都坐在草坪上时，老板看出我还在为此事不解，便说："知道为什么我一定要拉着你来吗？那天我叫你到我的办公室里，你是不是觉得自己要被炒了？"

我耸耸肩，不解地问："为什么？"

"因为你觉得自己属于失败者之一。尽管你是我们公司最能干的部门经理，可是你却把自己归类于那些会被炒的人群中。因为你没有自信！"

我脑袋嗡的一声，好像被人用订书器从后面猛击了一下。老板突然提高了语速："你不相信自己，接着又不相信别人，所以你事无巨细，全都自己操办，你的属下都成了闲人，将来你的部门被炒的人将是所有部门中最多的！"

他拍拍我的肩膀说："我曾经和你一样，但是，人生不就像一场滑翔吗？它可能充满了压力，但是，相信自己，也相信别人，就会过得很愉快！"

那天晚上回去后，很累，但是很兴奋，忽然觉得老板说得道理都对啊。你看，这职场，不就是一种游戏吗？玩者必须有开放、快乐、轻松的心态，才能玩好。不然，准得难受得发昏。

《圣经》中说，生命中充满了磨难。人们应该怀有这样一种坚定的信念：只要竭尽全力，磨难终将结束。居里夫人对友人说："我们应该有恒心，尤其要有自信心！我们必须相信我们的天赋是用来做某种事情的，无论代价多大，这种事情必须做到。"想必她的成功也正是来自于那份自信。

人生的本质在于，无论在人生旅程上遭遇了怎样恶劣的天气，你都要以积极的态度去面对，相信自己能够成功。无论是欢喜还是苦难，病痛还是健康，阳光还是风雨，每个阶段、每个经历都是人生的一笔财富，也是通往下一个学习阶段的最佳时机。

一个世界探险队准备攀登马特峰的北峰，在此之前从没有人到达过那里。记者对那些来自世界各地的探险者进行了采访。记者问其中一名探险者："你打算登上马特峰的北峰吗？"他回答：" 我将尽力而为。"记者又问另一名探险者，得到的回答是："我会全力以赴。"记者问到第三位探险者时，这个探险者直视着记者说："我没来这里之前，我就相信自己能够攀登上马特峰的北峰，所以，我一定能够在马特峰的北峰的顶峰上向你们招手。"

结果，那次探险只有一个人登上了马特峰的北峰顶，这个人就是那个确信自己一定会登上峰顶的那个人。

工作中难免会遇到困难，在困难面前，首先要相信自己。只有这样，你才能在职场闯出一片自己的天空。无论何时何地都要确保自己有颗自信的心，它是你最可靠、最有价值的成功资本。一个人在自己的生活经历中，在自己所处的社会境遇中，能否真正认识自我、肯定自我，如何塑造自我形象，如何把握自我发展，如何抉择，自我意识是积极还是消极，将在很大程度上影响或决定一个人的前程与命运。所以，只要我们随时都充满自信，相信自己能行，就一定会有成功的可能。

4.

适时展示自己的才能

懂得利用职场的舞台，适时展现自己的优点，获得别人的认可，这是职场中的晋升捷径。在工作上，你除了应努力做出优秀的业绩之外，更应注意让上司知道，当然并不是在别人面前特意炫耀自己的才能，而是要学会适时地表现自己，因为你的付出应获得相应的回报，金子也未必总能发光，它需要人发现。在职场中，如果职场人士不懂得展示自己，不懂得把自己的专业能力和综合素质展现给领导和同事，同样不会在职场中发光。

所以我们要注意，在提高能力和素质的同时，要注意在适当的场合、适当的时机展示自己。在职场中总会存在一些“时运不济”的人，他们工作比别人努力，得到的却并不多，甚至有时候，事情明明是自己做的，功劳却算在了别人头上。当我们抱怨老板不公平时，或许并没有意识到，职场成功与否是由三个要素决定的，即专业表现、个人形象、能见度。其中能见度所占比重为60%。从某种意义上说，职场考验的不是你是否做得好，而是是否懂得醒目却又不刺眼地亮出自己。

毕业于名校的刘钊一直坚信要靠能力说话，在学校看成绩，到了工作单位就要看业绩。于是在办公室里，他成了名副其实的拼命三郎，每日埋首工作。工作一多的时候，团队中一些游手好闲者常常叫苦不迭，而此时，刘钊总是挺身而出，大包大揽地替别人干活儿，他认为：“年轻人多干点儿没什么不好，又累不死，还能多锻炼自己呢。”渐渐地，他除了干自己的本职工作，还要收拾许多烂摊子，有时甚至一加班就到晚上十点。别的同事都忙着在领导面前展示自己，他却总缩在办公桌前，疏于和领导沟通。一次，在给领导上报的材料中，他算错了一个重要数据，领导十分生气地说：“每天就看你瞎忙，也不知道忙的是什么，工作出这么大漏洞，你好好检讨一下吧！”刘钊觉得很冤，自己一直以来埋头苦干，不被领导赏识不说，反倒挨了批，真是吃累不讨好。

可见，适时地向领导展示自己实在是很重要。如果老板平时就知道刘钊很努力，那么出一点儿错也许还能原谅，但是领导看到的只是刘钊不停地在忙，到底在忙什么，不得而知。作为一名员工，如果想成为对公司、对老板有用的人，第一个条件是努力掌握自己工作范围内所需要的技能以提高工作业绩。然而，几个员工即使有相同的业绩，也会出现引人注目和不引人注目的情况，两者的差别，就在于个人表现能力上。千万不要小看表现能力，一个人的表现能力对于今后的发展前途有着十分重要的作用。不要以为表现不表现都无所谓，只要自己在工作中能够创造出实际成绩就可以了，因为大家的眼睛是雪亮的，自己做出的业绩是有目共睹的。但事情远不像你想象得那么简单，实际上一个员工除非创造的工作业绩特别显著，能在极短的时间内光芒四射，否则是很不容易受人瞩目的。相反，如果他现在的业绩比过去稍差，还会给人留下很不好的印象。

我们从不否认埋头苦干是一种值得学习的工作态度，但是光知道埋头苦干，却忽视与领导的沟通，这样的人，前景是模糊而不确定的。因为谁也不知道老板会在什么时候注意到他，发现他的才能，开始重用他。如果我们能在埋头苦干的同时，适时地展示自己的才能，让同事和领导都知道，自己不仅有实干精神，还有一身的本领，这样，对职位的提升是不是大有帮助呢？

很多人认为展示自己是不够谦虚的表现，但是职场不是课堂，不是得了一百分切记不要骄傲的学生时代，职场需要展示自己，来让上司和同事对你刮目相看，从而为自己的晋升之路奠定基础。因此要学习用不过于积极或刻意的方式来“自吹自擂”，一旦有机会，每个人都可以用一种间接、自然的方式来展示自己的功劳。这种不露痕迹地让人注意到你的才干及成就的做法，比敲锣打鼓地自夸效果更好。意识到这一点，有能力的你离晋升就不远了。

5. 把每一个苦难都当成机遇

随着人们生活水平的日益提高，许多人已经不堪吃苦。工作中加一次班会觉得累，站一天岗会觉得累，甚至多翻阅几次文件也觉得累。但是只要是有公司制度的，里面就一定有一条要求员工能吃苦耐劳。这说明，工作中的苦难是一定存在的，也是作为一个员工必须接受的。很多人一而再、再而三地跳槽，就是因为原单位太辛苦，吃不消。却不想，跳一次如此，再跳一次，还是如此。到最后，人累，心累，还是感觉自己在吃苦，工作却是没有一点起色。

其实苦难并不可怕，可怕的是你把它看成结局而不是过程。一次次，当你从困难面前走过时，你会明白，原来困难并不可怕，可怕的是我们没有面对困难、战胜困难的勇气。想想曾经自己经过的种种挫折和困难，再看看自己正在站的位置，你会发现，正是这些困难和挫折让你站得更高，看得更远。相比之下，那些困难又算得了什么呢？

人的一生绝不可能是一帆风顺的，既有成功的喜悦，也有无尽的烦恼；既有波澜不兴的坦途，也有布满荆棘的坎坷与险阻。当苦难的浪潮向我们袭来时，我们唯有与命运进行不懈地抗争，才有希望看见成功的曙光。把困难当作机遇，把命运的折磨当作对人生的考验，面对今天的苦楚寄希望于明天的甘甜，这样的人，任何困难也难不倒他。苦难，在不屈的人面前会化成一种礼物，这份珍贵的礼物会成为滋润你生命的甘泉，让你在人生的任何时刻，都不会轻易被击倒！

布鲁诺和柏波罗是一对兄弟，他们生活在意大利的一个村庄里。他们俩人一直都雄心勃勃，一直都在寻找发财的机会。只要两人闲下来就会在一起没完没了地谈论，某一天，如果机会来了，他们一定要成为村庄里最富有的人。兄弟俩都很聪明，做起事来也很认真，他们只是缺少一次成功的机会。

一天，机会终于来了。为了解决村子里的用水问题，村里决定雇用他们俩把附近河里的水运到村庄的蓄水池里。村长找到了布鲁诺和柏波罗，决定把这份工作交给他们俩来做，并按每桶水一分钱付给他们报酬。两人马上答应下来，并表示很喜欢这份工作。

第二天一大早，两人各抓起一个水桶奔向河边，开始往村子里运水。

“我们终于有希望成为有钱人了。”布鲁诺显得很高兴，大喊叫着说，“简直难以相信，我们能有这么好的运气。”柏波罗却不这样想，干了一天的活之后整个人都被累垮了，腰酸背痛，双手也都磨起了水泡。他害怕每天起床后还要去做同样的事情，并且一直做下去，直到老了做不动为止。他决定要想出一个好办法来，脱离这种苦难的工作，还能赚到这份钱。经过一段时间的考虑，他想到了一个好办法——把河里的水引到村子里来。

就这样，柏波罗每天都过着繁忙辛苦的生活，除了每天提水之外，他整日都在拼命地挖着管道，希望早些完成这一计划。没过多久，村子里就传出了有关柏波罗的笑话，布鲁诺和其他村民还称他为“管道建设者柏波罗”。看着柏波罗干得很辛苦，挣的钱没有布鲁诺的多，布鲁诺经常以此向柏波罗炫耀。

时间一天天地过去了。大约一年之后，柏波罗的管道已经完成了一半。这时，他提水只要走一半路程就可以了。这样他就有更多的时间去建造管道了。

而布鲁诺由于长时间弯腰提水，他的背越来越驼了，步伐也变得缓慢了，而且总是一副闷闷不乐的样子，好像是在为他自己注定一辈子要运水而愤恨。

管道完工的日子终于到了。村民都跑到蓄水池旁边观看，看着水从管道里不停地流出，这时所有人在为此而感到震惊的同时，都对柏波罗投去了敬佩的目光。管道完工后，柏波罗再也不用提水了。无论他是否工作，水都一直源源不断地流入。他吃饭时，水在流入，他睡觉时，水在流入，不管他做什么，水都会不间断地流。村子里水越多，流入柏波罗口袋的钱也就越多。而布鲁诺，因为找不到新的合适的工作，只能在家发愁。

正是每天提水这种苦难的日子，给了柏波罗良好的机遇，让他从此过上了好日子。其实机遇在我们生活中并不是没有，而是看你有没有慧眼看中这个机遇。比如布鲁诺，他看到的就只是眼前一桶水一分钱的利益，到后来只能因为丢失了工作而在家发愁。如果他也像柏波罗一样，把这种苦难的日子当成一种机遇，和他一起努力修建管道，现在，他就会过着与柏波罗一样的日子。

所以在职场不要因为吃苦受累就叫苦不迭，就觉得世界不公平，唯我一个人受尽人间的苦难，这种日子没有尽头，从而失去自信，失去工作的兴趣和面对困难的勇气。苦难可以使一个人的意志无比坚韧，而艰苦的环境又会激起他内心的勇气。古今中外，凡成大事者，很多都是从苦难中走过来的。在逆境中，他们会经受各种考验与锤炼，成就他们非凡的意志和能力。当苦难来到我们身边的时候，每个人对待苦难的态度和看法是不一样的。聪明的职场人都知道，不经历苦难，是换不来成功的。所以，他们在苦难面前不会退缩，不会止步，而是把眼前的苦难当作取得成功的一次机遇，努力，努力，再努力，直到战胜苦难，取得成功。

6. 拼搏进取，任何时候也不放弃不抛弃

美国作家欧·亨利在他的小说《最后一片叶子》里讲了这样一个故事：病房里，一个生命垂危的病人从房间里看见窗外的一棵树，树叶在秋风中一片片地掉落下来。病人望着眼前的萧萧落叶，身体也随之每况愈下，一天不如一天。她说："当树叶全部掉光时，我也就要死了。"一位老画家得知后，用彩笔画了一片叶脉青翠的树叶挂在树枝上，最后一片叶子始终没掉下来。只因为生命中的这片绿，病人竟奇迹般地活了下来。

这让我们明白，只要不灰心绝望，总会有奇迹发生，希望虽然渺茫，但它永远存在于我们现实里。人生可以没有很多东西，却唯独不能没有希望。希望是人类生活的一项重要的价值。有希望之处，生命就生生不息！职场上的每个人都在经济大潮里游泳，机遇与风险并存，每个人从事的行业都像一只股票，高高低低，既随大势，又有自己的独特走势，但是，行业又不能像股票那样可以随时买进卖出。说不定哪天我们就会迷失在人生的航道里，这时候，我们最需要的，就是自信，相信自己，相信人生没有过不去的坎。只要我们努力，不言放弃，希望就一定会在前面等待我们。

第二次世界大战爆发期间，英国首相丘吉尔应邀在剑桥大学毕业典礼上发表演讲。他两手按在讲桌上，注视观众之后大约沉默了两分钟，然后说："永远，永远，永远不要放弃！"停顿一下后，他又一次强调："永远，永远，永远不要放弃！"最后在他再度注视观众片刻后蓦然回座。场下的人这才明白过来，紧接着便是雷鸣般的掌声。这场演讲是英国演讲史上最经典的演讲，也是丘吉尔最脍炙人口的一次演讲。丘吉尔用他一生的经验告诉我们：成功根本没有什么秘诀，如果有的话，就只在两个，一个是坚持到底,永不放弃;第二个就是当你想放弃的时候,请回过头来,告诉自己:坚持到底,永不放弃。

大学毕业后,我以优异的成绩考入一家超大型的公司。刚到公司的那段日子,由于我所在的车间刚成立,机器设备还不齐全,经常干干停停。随着设备的增加,订单的增多,我们开始频繁地加班。

老板有个心腹——王主任,他像盯贼一样地整天盯着我们,不是训这个,就是要扣那个工资。一次,王主任走到我身边,怪里怪气地说:"我看了你的档案,在学校是个学生干部,而且父母在政府部门工作,为什么还出来打工?"我说:"我想锻炼一下自己。"他听我说完后,便没好气地哼了一声走了。

接下来的日子,他像是有意和我过不去,总是有意无意地挑我的刺儿,还说:"别总记得自己是学生干部,你现在是个给别人打工的。"无数次的恶语讽刺,我都默默地忍下了。

几个月后,老板打算从我们当中选几位组长,选出的人都是平时和王主任打得火热的同事。这太不公平了!我开始向往办公大楼白领的世界。

一天,我鼓足勇气把简历和以前在媒体上发表的文章呈给老板,我说我相信自己会做得更好。老板用欣赏的眼光看着我的文章和简历,并说明天给我答复。第二天,老板对我说:"王主任说,你才22岁,还要在生产线上多锻炼锻炼,今后大有发展……"我灰心了,甚至想让父母帮忙找工作。但最终,我还是挺下来了。

几天后,忽然来了一个调令,我被调到被视为天堂的办公大楼里工作。这时,我才想起上个月我曾参加业务部招聘助理的考试,没想到我竟以第一名的成绩入选。

我很感谢那段生产线的生活,它让我学会了坚持和忍耐,让我懂得在最困苦的日子不要轻言放弃。

在我们每一个人的生活中总要有痛苦与挫折，倒下了，却一定要站起来，成为一名强者。一个人如果没有这种持之以恒的精神，即便他有再宏伟的理想也难以实现，即便他再有明确的目标也难以达到。挫折仅仅只是暂时的失败，它预示的是你以前的做法行不通，但是并不意味着你以后的努力也行不通，只要有一线希望，就要尽百倍的努力。失败仅仅是一个新的开始，并不意味着永远失败。

我们很多人只看到奥运冠军的辉煌，但是他们不仅有成绩、有奖牌，也有汗水、泪水和艰辛；不仅有坚韧、顽强、奋斗，还有竞争和拼搏。每一个冠军背后的努力和艰辛是我们无法想象的，这个世界没有人能随随便便成功，他们用坚强的意志和永不放弃的顽强拼搏才写下一个又一个的传奇。

面对问题，我们需要的是解决问题的决心和信心，而不是遇到问题就逃避，就放弃。问题不会因为你的逃避而消失，它会永远存在，永远成为你的阴影。很多人在放弃之后，在心里暗暗庆幸，不用再受困苦的煎熬了，但是他们却不知道，错过的是更有价值的东西，那就是成功。很多人面对问题的时候，喜欢找各种借口来说服别人和自己，从而使自己可以心安理得地放弃。这样的思想是很愚蠢的，借口永远只会阻止你的成功，而不会对你有任何帮助。

当你放弃某件事情而别人又在这件事情上成功后，你心中是不是有那么一点点酸涩的味道，同时又有重重的失落感？而当你坚持某件事情最终达到成功后，心里又是不是那么的喜悦，为自己没有放弃而骄傲自豪？两种情绪，两种不同人生，你会选择哪种？

7.

不怕困难，冷静面对所有挫折

人生谁能没有挫折？就像人要学会走路一样，也得有过摔跤，而且只有经过摔跤才能学会走路。挫折可以毁灭一个人，也能造就一个人。有人害怕挫折，因此不敢去追求成功，这是弱者。在弱者面前，挫折就是倾覆生活之舟的波涛，波涛越大，生活之舟就越容易被吞噬。但是，每个向往成功的人都不希望自己是弱者。所以，不怕困难，面对挫折，敢于挑战，才是成功人的做法。

当遇到坎坷、挫折时，我们不悲观失望，不长吁短叹，不停滞不前，更不要被眼前的困难所压倒，试着把它作为人生中的一次历练，看成是一种人生成长中的常态，这将助你更好地谱写出人生的精彩。挫折可以燃起一个人的热情，唤醒一个人的潜力，借用这些力量，战胜挫折也就达到了成功。有本领、有骨气的人，能将“失望”变为“动力”，像蚌壳那样，将烦恼的沙砾化成珍珠。真正有成就的人，都是在经历了失败和挫折之后才取得辉煌成就的。

他只身从农村来到城市，只有初中毕业，身体单薄，只能找点比较轻的体力活干。他到了一家保洁公司，主要工作就是擦玻璃，公司管食宿，每月工资300元。他很满足，干起活来十分卖力。有人问他：“你这么小，为什么不在家上学，出来受罪赚这点钱？”他说：“我家里穷，父亲瘫了，母亲种地，家里没钱供我上学，我文化太低，能有这份工作已很满足了，每月还能给家里寄点儿钱呢。”

他在这家保洁公司一直擦玻璃，他的同事换了一批又一批，有的甚至刚做三四天就因为嫌薪水少、干活脏走了，他一直坚守着这个位置。整整五年，他已经是二十多岁的大小伙子，这座城市里的写字楼、宾馆、商场他几乎都去服务过多次。他工作一如既往地卖力，一丝不苟，很多顾客还点名要公司派他过来，他简直成了公司的形象代言人。人们都知道他，他和他的服务对象成了熟人和朋友。有一天，有个新来的女孩问他："听说你擦了五年的玻璃，每月只挣300块钱，为什么不换个工作呢？"他笑笑说："会换的。"

有一天，人们熟知的擦玻璃工突然消失了。几天后，一家快餐店开业了，老板就是擦了五年玻璃的他。快餐很适应城市的快节奏生活，竞争自然异常激烈，而他的快餐店却很快打开了局面。原因很简单，他在擦玻璃的五年里，走遍了每个写字楼、宾馆、商场，结识了里面的人，五年擦玻璃的表现已经给人们留下了深刻的印象。当他的快餐店发展到整个城市的角落，资产逾千万时，认识他的人无不感慨地说："这位老板曾擦了五年的玻璃。"

马克思说过："世界上没有永远平坦的大路，只有不畏劳苦沿着陡峭山路攀登的人才会有希望达到光辉的顶点。"面对挫折，我们不应愁眉不展，而要正视而不回避，因为回避终究不能解决问题。我们应该把眼前的困难作为前进的动力，从挫折中重新站起来，这样才能不断地品尝成功的喜悦。一次挫折并不代表永远的失败，只要随时充满信心，敢于战胜自己，成功的大门一样会为你打开。

冬天，猎人带着猎狗去打猎。猎人一枪击中了一只兔子的后腿，受伤的兔子拼命地逃生，猎狗在其后穷追不舍。可是追了一阵子，兔子跑得越来越远了。猎狗知道实在是追不上了，只好悻悻地回到猎人身边。猎人气急败坏地说："你真没用，连一只受伤的兔子都追不到！"

猎狗听了很不服气地辩解道："我已经尽力而为了呀！"再说

兔子带着枪伤成功地逃回家了，兄弟们都围过来惊讶地问它："那只猎狗很凶呀，你又带了伤，是怎么甩掉它的呢？"兔子说："它是尽力而为，我是竭尽全力呀！它没追上我，最多挨一顿骂，而我若不竭尽全力地跑，可就没命了呀！"

职场上人们经常说的一句话就是："我已经尽力了。"意思是说，这件事没有办成功，并不能怨我，我是尽力了，没有成功也不是我的错。但是，有没有人认真反省过自己，你竭尽全力了吗？任何困难都有办法来解决，只是看人们有没有竭尽全力地去做，去想办法。每个人都希望自己的生活中能够多一些快乐，少一些痛苦，多些顺利，少些挫折，可是命运却似乎总爱捉弄人、折磨人，总是给人以更多的失落、痛苦和挫折。人生在世，不可能总是春风得意，事事顺心。面对挫折，能够虚怀若谷，大智若愚，保持一种恬淡平和的心境，冷静面对，一切都会有好的结局。

生活中的失败挫折既有不可避免的一面，又有正向和负向功能。既可使人走向成熟、取得成就，也可能破坏一个人的前途，关键在于你怎样面对挫折。作为一个想要成功的职场人，你应该要做的就是，当挫折到来时，要沉着冷静，分析失败的原因，找出问题的根本，不断地给自己信心，相信自己一定能应付眼前的困难。只要战胜它，你就能更好地发挥自己的才能，使自己的职场人生更精彩。

8. 坚持到底，成功一定属于你

我们在工作中会经常遇到不少的人，也许刚开始工作的那一年，还在努力奋斗，可能过了三四年，还没有成绩，那么这些人也就放弃了努力，工作能够敷衍的就敷衍，变成了不思进取的人。有的努力的结果可能不是自己能够控制的，比如说晋升到某个管理职位，但是要成为所在领域、所任职公司里的行家或专家，则是需要通过自己的不懈努力才能够做到的。如果一直能够保持当初的斗志，明白“前方没有终点，永不停息”的道理，不断地超越自我，那么，终究会有一个比较好的结果。

小翁、小祝和小姚3名数控专业中专毕业生一毕业就参加了职业见习，见习岗位为数控机床。见习期间，小祝觉得见习不是正式工作，因此不重视见习机会，经常不是迟到早退就是请假，见习基地觉得他无视劳动纪律，见习期满未作留用。小姚觉得数控操作辛苦，不能坚持，因此自愿中途退出。小翁自始至终都能认真见习，从不怕辛苦，能很好地完成老师安排的学习内容，因此顺理成章地被企业留用。

现实就是这样，谁能坚持，谁就是最后的胜利者。在庞大的求职队伍中，一个中专毕业生能找到一份跟专业对口的工作已经很不容易，如果还不能坚持，找各种理由而退缩，这种人走到哪里也不可能找到一份合适的工作。因为首先，在心理上他就打垮了自己。身在职场，只有坚持奋斗的人，才能创造奇迹！不断努力，坚持奋斗，这样人生才会过得有滋有味。只有那些坚持不懈地努力的人，才会最终饮上胜利的美酒。

爱迪生在1877年开始了改革弧光灯的试验，提出了要搞分电流，变弧光灯为白光灯。这项试验要达到满意的程度，必须找到一种能燃烧到白热的物质做灯丝，这种灯丝要经住热度在二千度一千小时以上的燃烧。同时用法要简单，能经受日常使用的击碰，价格要低廉，还要使一个灯的明和灭不影响另外任何一个灯的明和灭，保持每个灯的相对独立性。这在当时是极大胆的设想，需要下极大的功夫去探索，去试验。爱迪生先是用炭化物质做试验，失败后又以金属铂与铱高熔点合金做灯丝试验，还做过其他物质的，共一千六百种不同的试验，结果都失败了。但这时他和他的助手们已取得了很大进展，已知道白热灯丝必须密封在一个高度真空的玻璃球内，才不易熔掉的道理。这样，他的试验又回到炭质灯丝上来了。他昼夜不息地试验。到了1880年的上半年，爱迪生的白热灯试验仍无结果。他的试验笔记簿多达二百多本，共计四万余页，先后经过三年的时间。他每天工作十八九个小时。每天清早三四点的时候，他才头枕两三本书，躺在实验用的桌子上睡觉。有时他一天在桌子上睡三四次，每次只睡半小时。

过了一段时间，爱迪生的白热灯试验仍无结果，就连他的助手也灰心了。有一天，他把试验室里的一把芭蕉扇边上缚着的一条竹丝撕成细丝，经炭化后做成一根灯丝，结果这一次比以前做的种种试验都优异，这便是爱迪生最早发明的白热电灯——竹丝电灯。这种竹丝电灯继续了好多年。直到1908年发明用钨做灯丝后它才被取代。

成功的法则实际就是坚持到底。坚持，说起来容易，做起来难。铁棒磨成针的故事每个人都听过，每一个人都知道要成功就得勤奋，但没有几个人能够有足够的毅力坚持下来。坚持才可能有所积累，而有所积累才会让我们有动力来坚持下去。

在职场中，有时成功就离你一步之遥，而要成功，坚持是必不可少的。要想在职场上求得发展，除了具备硬实力，如学历、技能和经验等，更需要具备一些软实力，难能可贵的就是看谁坚持到最后。

找到适合自己的位置和方向之后就是要坚持，哪怕要忍耐一时辛苦、刻板的工作。成大事者总要经过长时间的磨炼，因此不要奢望一开始就有很顺利的大路等着你。在职场竞争如此激烈的时代，有时候所挑战的是毅力，看谁能坚持到最后，谁就可以拥有成功。

第十章

知足常乐,感恩做人:拥抱快乐享受幸福

感恩是生活的智慧,更是幸福的秘诀。只有懂得感恩的人,才能深刻地体会到当下拥有的幸福,感到满足,从而珍惜当下拥有的一切,更加谦卑地付出,更加热情地工作,更加主动地拥抱快乐,享受幸福!

1.

学会知足，保持阳光心态

身在职场，当然会有这样那样的法则，但无论自身能力高下，素质优劣，处在职场中的心态对于能否成功有决定性的作用。职场中总有一些人心比天高，却又眼高手低，不仅认识不到自己的不足，还看不得别人比自己强。看到别人晋级，心中就有说不出的委屈，好像全世界的人都对不起他。轮到自己升职加薪却又是一副大为不满的样子，认为老板亏待了自己，自己付出的远远应该不止这点儿回报。这种人，总也没有满意的时候，也就是说，从来不知足，所以，他的职场生涯中，也不可能有快乐存在。

阿里巴巴总裁马云说："看一个人、一家公司是不是优秀，不要看他是不是哈佛或斯坦福毕业，不要看它有多少名牌大学毕业生，而要看这帮人干活是不是发疯一样地干，每天下班后是不是笑眯眯地回家！"

懂得知足的人是快乐的。很多人之所以不快乐，就是计较得太多。回头看看自己走过的路，不是我们拥有的太少，而是我们计较得太多。不要看到别人过得幸福，就有种失落感和压抑感。其实你只看到了别人的表面现象，或许他过得还不如你快乐。

同一公司有这样两个人，一个职位不高，但心态积极乐观，时时保持愉悦的心情投入到工作中。有时候看到别人升职，获得的差事越来越好，他也不为所动，有时候加班加到很晚，即使熬出了"熊猫眼"，也毫无怨言。最近，他忽然被委以重任，参加一个大项目的筹划，本以为他会欣喜若狂，不料他却依旧淡然面对。究其原因，其实是源于他的一种职场知足心态。他有实在肯干的价值观和较大的安全感，乐观并且积极向上，他认为资源大家可以共享，关键看自己的努力。另一个人，在公司的策划部工作，刚开始的时候，他心潮澎湃，提出了不少自以为新颖的创意，可令他备受打击的是一一被上司否定了。为此，他郁闷了很久。接下来，在一个大型活动中，他又自以为是地改动了一个小小的环节，认为这样才是最完美的。然而出乎意料的是，他又遭到了批评而颇受打击，不时抱怨领导不懂管理和业务，同事们缺乏团队精神，等等，满脸人人对不起他的样子，最后愤然辞职。

人要知足，这是做人的原则。财富可以用金钱来衡量，心情是不能用金钱来衡量的。每个人都应知道：知足是良好的、健康的、平和的心态和和谐人生的基石。不知足的人，不管你家是有万贯家财，还是只有一所小房，分家时都会闹得亲人反目，打得头破血流。知足的人，即使家境贫寒，下岗待业，也能保持"知足常乐"的正确心态。

职场阳光心态，就是积极、知足、感恩的一种心智。凡事的好与坏，都是由你的心态决定的。如果你心情好，你会发现沙漠为你唱歌，小草为你起舞；如果你心情糟糕，你会发现开放的玫瑰在流泪，奔腾的小溪在哭泣，这叫境由心造、相由心生。我们只有保持一种平和、豁达、健康、乐观、勤奋、向上的心态，才能把平凡的小事做大；只有带着阳光心态，才能缔造属于自己的阳光生活，走向灿烂的未来。

《渔夫和金鱼的故事》我们都读过，一个不知足的人最终的下场就是回到一无所有。我们设想，如果老太婆从得到一只新的木盆就知足的话，她的生活是不是比原来有所改善？但是她没有。再进一步，如果她在得到一座木房子后就知足——那可是她一生渴望的东西，她的生活会幸福而甜蜜，因为意外的收获已经能让她不再为住着草棚而发愁。但是她还是没有知足，直到最后，她回到原来的样子——坐在门槛上，她前面还是那只破木盆。或许这时候，她有些后悔，我们不得而知，但是我们知道，幸福的生活永远离她而去，她只能坐在门槛上守着那只破木盆度过她的一生。俗话说“知足者常乐”，而贪婪和不知足则是人类的弱点。有的人看到别人整天有酒有肉就抱怨自己生活差，等他们也过上这样的生活时又不满足了：“好多人都有房有车，如果我也有就好了！”等他们的梦想实现后，他们的心理还是不平衡：“怎么我开的车是雪佛兰而不是奔驰，怎么我住的房子只有90平方米而不是150平方米呢？”如此这般，不知他们的欲望何时才能休止。如果他们把那些想法当作目标和动力去追求，那倒是好事，但如果他们只是抱怨和幻想，而不采取实际行动去奋斗和努力，则他们永远都不会快乐，他们的想法也注定只能是神话故事而已。在职场中，我们每个人都会遇到各种挫折和失败，也会遇到各种各样的诱惑，如果我们能够做到知足常乐，就会给自己少添许多麻烦和烦恼。

一个人只要学会知足，就会发现快乐其实就在我们身边。因为知足是一种感觉，一种来自内心的愉悦，更是一种品德。在人生的道路上，如果你不学会知足，不能保持阳光的心态，你的生活将出现许多负担。只有懂得了知足常乐，你才能在阴暗中感受到阳光的灿烂，才可以在寒雪中读出温暖的春意，才能在职场中感受到来自集体的温暖。因为这些温暖，让你快乐，让你感恩，让你愿意更加努力。

2.

懂得感恩，珍惜拥有的一切

“感恩”一词最初来自基督教，其本意是要信徒感谢主为了拯救世人所做的牺牲而被钉十字架上，感谢主的慈爱与宽容，感谢兄弟姐妹的支持与帮助等。所以，不难理解，感恩必然能够促使人们扩充心灵空间的“内存”，让人们逐渐仁爱、宽容起来，并减少人与人之间的摩擦，化解人与人之间的矛盾，缩短人与人之间的距离，增强人与人之间的合作。

“感恩”不同于一般意义上的感谢，感恩应该是更深层意义上的、发自内心的一种生活态度。从古到今，关于感恩的名言数不胜数：“滴水之恩当涌泉相报”、“吃水不忘挖井人”、“谁言寸草心，报得三春晖”、“一饭之恩，当永世不忘”，等等，太多的名言警句，只为告诉我们，做人要懂得感恩，要珍惜我们所拥有的。世界万物给予我们恩惠，我们应该感谢它们；父母生养我们，我们要感谢他们；老师教育我们、亲人关心我们、同事支持我们，这些都是我们应该感谢的人，是他们一直在我们身边，让我们一天天成长，一天天成熟。甚至那些曾经有意无意伤害过我们的人，我们也要感谢他们。因为是他们教会了我们品尝生活的苦难，让我们感受到了生活的残酷，是他们的伤害让我们知道要从苦难里勇敢站起来，面对自己的生活。

感恩是一种生活态度。它让我们以知足的心去珍惜身边的人和事物；让我们在渐渐平淡的日子里，发现生活是如此美好。心存感恩的人，才会收获更多的幸福和快乐，才能远离烦恼。一个不懂得感恩的人，就算是遇到再好的机遇也不会好好把握，还会怨声载道，还会烦恼不止。感恩，就是多想想“别人为我做了多少”而不是“我从别人那儿得到了多少”。感恩的人，会觉得整个世界给了自己无限的恩情，而自己要用一生的时间去回报他们。

一位年轻人踏入社会前，他的父亲什么也没有多说，只是告诉了儿子三句话：遇到一位好老板，要忠心工作；假如第一份工作就有很好的薪水，那算你的运气好，要努力工作以感恩惜福；万一薪水不如你想象的，千万不要抱怨，要懂得在工作中磨炼自己的技艺。

可见，这位父亲是知恩惜福的人，他告诉了儿子生活的真谛。世界上没有十全十美的工作，而且工作过程也并不是皆尽如人意的。我们会在工作中遇到意想不到的麻烦与失败，如果我们把工作当成是一种负担，那么，生活会暗淡无光、苦不堪言；如果我们把工作当成一件快乐的事情去做，那么，我们的生活就会充满阳光。作为一个职场人，我们不仅要把工作做好，还要感谢我们的工作。因为有了工作，我们就不用为生存而担心；有了工作，我们的日子就过得充实而自在；有了工作，就有了我们展示自己的平台，让我们能在这块领域尽情发挥自己的专长，让生命活出精彩。

我们不仅要感谢我们的工作，还要感谢我们的同事、我们的上司、我们所在的公司……所有这些，都是我们要感谢的。因为他们在我们的生活中占有很大部分的空间，没有他们，我们的日子会落寞而无聊。我们还要感谢我们今天所拥有的，因为有了这些，我们才得以在工作之余可以休闲度假，可以和家人团聚，可以与朋友说说心里话。生活中，到处都有我们要感恩的人和事物，可令人遗憾的是，在现实生活中有些人过着丰衣足食的日子，却抱怨生活不够富裕；面对关爱我们的父母亲人，却抱怨他们太过唠叨；拥有了平静安稳的婚姻，却抱怨生活太平淡，没有激情；看到别人升职，便会抱怨命运的不公平……他们似乎已经忘却，曾几何时，当他们还在贫困中挣扎时，是那样渴盼能过上温饱的日子，哪怕只有一天，他们也会感恩；当他们在失意的痛苦中徘徊时，是那样渴盼真诚的问候和鼓励，哪怕只有一句，他们也会感恩；当他们跌倒了无力爬起时，是那样渴盼能有人过来搀扶，哪怕只有一下，他们同样也会感恩。

永远怀着感恩之心，对生活、工作、朋友、亲人，甚至对世界万物都怀有一种感恩的心，我们就会更加惜福，更加明白。眼前的生活虽然不是最好的，但是我们很幸福，也很快乐。因为我们所拥有的这些，都是我们曾经渴望得到的。那些没有到来的，我们正在努力，只要我们努力、坚持，那些我们所渴望的，就一定会来到我们身边。

如果我们学会了感恩，就会懂得宽容，不再抱怨，不再计较；学会感恩，我们便能以一种更加积极的态度去回报我们身边的人；学会感恩，我们会抱着一颗感恩之心，去帮助那些需要帮助的人；学会感恩，我们会摒弃那些阴暗自私的欲望，使心灵变得澄清明净。身在职场的你，学会感恩了吗？

3.

用感恩唤醒内心的驱动力

在物理学中,一个物体要前进,不外乎有三种力量的作用:来自外部的推力、引力,以及自身的驱动力。在工作中,同样如此。一名员工之所以会自动自发努力地工作,其原因也不外乎三种力量:使命感、成就感和感恩精神。感恩让我们更加珍惜眼前的一切,也让我们更加谦卑地生活,更有激情地工作。心怀感恩,宛如在我们的躯体中植入了一种叫使命感的基因,然后像细胞一样迅速扩散,影响我们的一举一动。它像定时闹钟一样,提醒我们应该时时保持谦卑的心态,应该对别人充满热情,应该勇敢地承担责任。

我们永远都要心怀感激,哪怕是遭受挫折的时候。领导批评时,要感谢他的教诲,在以后的工作中不会犯错;经历失败时,应该感激事业给了我们宝贵的经验,为将来能取得更大的成绩做好准备;在遭到客户拒绝时,要感谢客户耐心听完你的解说,才有了下次合作的机会。离开工作,离开企业对员工的帮助,我们将一无所有。因为是工作给了我们一切,我们应该对工作、对企业、对我们的领导和关心我们的同事抱一种感恩的态度。

南非的民族英雄曼德拉,因为领导反对白人的种族隔离政策而入狱。白人统治者把他关在荒凉的岛上27年。当1991年曼德拉出狱当选总统后,他在总统就职典礼上特别邀请了三个人,是他27年牢狱生活的三名看守人员。曼德拉在典礼上站起身来,向三个曾看守他的人致敬。他说,自己年轻时脾气很躁,正是在狱中学会了控制自己的情绪才活下来并有今天,他的牢狱生活给了他时间和激励,使他学会了如何有效地处理自己的苦难和痛苦，他必须感恩这些。也正是感恩之心唤醒了他内心的驱动力，让他不断地为自己的未来而奋斗。

我们心怀感恩，不是因为我们不得不做，也不是我们做了就能得到多少好处，而是我们本来就应该这么做！没有任何理由，没有任何条件，做人的良知驱使我们要感恩图报，完成我们应该完成的一切。我们得到了职位和工资，所以应该重视手头上的每一项工作；我们得到了奖励和升迁，所以应该努力工作以回报老板和企业；我们得到了同事的帮助，所以应该热情主动地配合他们、帮助他们；我们得到了客户的订单与赞美，所以应该用更好的服务去回报他们……感恩精神告诉我们：我们已经得到了很多很多，现在所要做的就是理所应当地回报。如果说我们还可以从中得到什么回报的话，那便是内心的平静和为人的尊严。感恩精神让我们觉得自己是一个有尊严的人，是一个知恩图报的人，是一个拥有良知的人。

职场中我们可以像海绵一样吸取别人的经验，但不要忘记，职场不是免费的补习班，没有人理所当然地教导我们如何完成工作，所以，我们要感谢前人留下来的经验与教训，是他们使我们在职场上摔跤摔得更少。我们还要感谢压力，是压力带给我们动力，让我们更加努力，更加有信心把工作做得更好；是压力让我们从一无所知的职场新人到离成功越来近的强者，是它让我们成长得更快，让我们取得更大的成就。

一个人有了感恩精神，比拥有其他品质更能激发工作的热情与激情。没有加班费用、没有额外奖励、没有职位提升，也照样拼命完成工作。但也恰是这种有点“傻”的自我驱动力，让员工拥有了强大的执行力和创造力，给企业带来崭新的活力，最终实现了员工与企业的双赢。

作为员工应带着一颗感恩之心努力工作，勤奋工作。勤能补拙，勤能生巧，勤能攀高。勤奋不仅是对待工作的一种态度，更是对自己负责任的表现。只有扎扎实实地工作，才能把潜力和才能充分发挥出来，才能实现自身价值；要善于发现、善于总结、善于分析、善于归纳，在允许的范围内打破常规，推陈出新，做好继承、创新、发展，积极推出亮点工作，通过以点带面，推动整体工作上水平。还要争先创优，坚持高标准、高要求、高水平谋事，不畏艰难，迎难而上，不甘落后，奋勇争先。

我们要感恩社会给我们提供了优越的工作和生活条件，感恩组织对我们的培育，感谢每位在一起并肩作战的同事，感谢大家一直以来对自己工作的支持、包容和帮助。我们要带着这份深深的感恩之情，唤醒内心的驱动力，不断地前进，直到到达心中的幸福殿堂。

4. 摒弃抱怨，享受工作的乐趣

现实生活中，我们每天都能听见无休止的抱怨：抱怨工作繁琐、吃力、压力大；抱怨人际关系不好，别人都与自己作对，看别人处处不顺眼；抱怨孩子不听话，处处与自己为难；抱怨天气不好，忽冷忽热；抱怨交通不好，天天挤得衣冠不整……这些人抱怨这、抱怨那，心情糟透了，睡眠不好，身体比以前差了，精力不充沛了，天天感觉被透支了，似乎老天都在捉弄自己，与自己过不去。

当抱怨成了习惯，持续的抱怨会使人的情绪变得非常糟糕，看什么都不顺眼，进而在工作上敷衍了事，引起他人的不满，最终使个人的发展道路越走越窄，甚至被迫离开。

职场上不少人抱怨自己的公司这不好那不好，工资不高，福利不好……但是换个角度想想，当我们刚刚踏出校园，没有经验，没有方向的时候，是我们的公司给我们提供了工作机会。是不是有的公司面试后没有录用你甚至看了你的简历就拒绝了你，没有给你面试的机会？如果你选择了这家公司而公司也接纳了你，那么，我们是不是要用一种感恩的心来对待自己的公司，对待自己的老板？学会感恩，只有这样，你才能工作得快乐，才能享受到工作带来的乐趣。

工作是一种必然，坦然地接受工作中的一切，不光是荣誉和快乐，还有艰辛和忍耐。只愿享受工作荣誉的人，是不负责任的人，他们在喋喋不休的抱怨中，在不情愿的应付中完成任务，必然享受不到工作的快乐，更无法得到升职加薪的快乐。

常常会有老板因为职工的不停抱怨而问："怎样才能让职工不抱怨？"答案是你不能。改变是复杂而矛盾的，你不能让一个人改变。人们改变是因为他们自己想改变，而想要设法改变一个人，只会让他更紧守着现有的行为，不肯放弃。富兰克林曾说过："最好的训诫是以身作则。"甘地是这么说的："我们必须活出想要让他人效仿的样子。"如果你想改变他人，就必须改变自己。问题是现实存在的，不会因为我们不停地抱怨而改变，改变的只有我们的心情。所以，作为一名职工，千万不要指望着你的老板、你的上司会想办法满足你的愿望而让你停止抱怨，只有真正明白工作对于自己的重要和乐趣，从思想上摒弃抱怨，你才能从抱怨的人堆里走出来，才有资格谈事业、谈成功，否则，你只可能碌碌无为一生。

永不抱怨是人生的第一态度，面对不可避免的事实，我们应该像诗人所说的那样："让我们学着像树木一样顺其自然地面对黑夜、风暴、意外等挫折。"不为抱怨找理由，并不等于束手接受所有的不幸，找到解决问题的办法才是聪明的人，只要有任何可以挽救的办法，我们就应该奋斗。不要抱怨自己的专业不好、工作环境差、工资微薄，不要抱怨自己空怀一身绝技而不受人赏识。现实有太多的不如意，就算生活给你的是垃圾，你也可以改变自己的生活态度，用大脑分析那些垃圾的用处，你同样能把垃圾踩在脚下，登上世界之巅。所以，一旦我们有抱怨的心态出现，别急着满口牢骚，不妨先让自己冷静一下，回顾整件事发生的过程，反身自省，找到症结和问题所在，这时你会发现，大部分问题是在自己身上。无论在生活中还是工作上，谁都希望一帆风顺、事事如意，但是如果自己不努力，光靠抱怨是得不到成功与快乐的。

在职场上，我们大多数人是凭着做事的能力和创造的业绩来领取薪水的，我们所得的多寡，大多取决于我们本身的专业能力和各方面才能的高低。如果我们觉得自己的薪水或是得到的东西不如自己要求的，那么，我们何不回过头来看看自己的每一个脚印，反省一下自己："我真的努力了吗？现实真的是不公平的吗？"然后换一个角度，让自己成为一个在办公室里播撒阳光和快乐的人，这样，你不仅能带给别人快乐，也会使自己随时拥抱幸福和快乐。我们应在快乐中工作，以积极的心态去面对平凡的工作，用感恩的心去对待自己身处的环境，认真看待所有微不足道的小事，并且时时感恩。如果有人为你扶住门、有人好心帮助你提东西，或是有人为你递上一条毛巾，你都要当成是他人送来的一份祝福、一份爱心。没有应该的，没有必须的，只有需要感谢的。只要用感恩的心去接纳他人、接纳挫折、接纳你工作中的一切，保持乐观向上的积极心态，你就是一个幸福而快乐的职场人。

5. 快乐生活，拥抱人生的幸福

什么是快乐？有人说，快乐就是嘴角往上翘起的那道弧线。是啊，当你嘴角不由自主地往上翘起的时候，那是你的心在笑，嘴角只是被支配配合你的心情。快乐其实很简单，任何人都有快乐的权利，任何人都可以在任何地方使自己快乐起来，只看你愿不愿意让自己快乐。

早上一出门，看见有人对你微笑着点头，你可以快乐；当你努力奔跑后终于追上那辆足以让你不迟到的公交车时，你可以快乐；当你看到同事帮你整理的办公桌时，你可以快乐；当你一抬头看见阳光正灿烂时，你可以快乐……快乐无处不在，不快乐的人是因为没有愿意快乐的心。

就我们每天待的时间最久的职场来说，多数人看来，快乐与工作是不可能共存的。快乐意味着悠闲无事，工作意味着要失去快乐，要让这两者完全融合，谈何容易！职场人士陷入“工作低潮”与“工作倦怠”早已不是新鲜事。比如，工作部门即将改组，被不合理的工作压得喘不过气来，办公室人际关系紧张，或者升职不成加薪无份，尤其是被差劲上司拿捏，被野蛮同事欺负，被刺头下属困扰，这些因素足以令职场人士迷失在“愁云惨雾”之中，哪里还有职场快乐感？其实，这些都是你心中抱怨的结果。如果我们把部门改组看成是对自己的另一种机遇，虽然升职加薪的名单里没有你的名字，但是被辞的员工里同样也没有你的名字，因为这，你同样可以高兴。任何事情一分为二地看，就会有不同的结果。身处职场，我们确实会遇到令我们委屈的事情，但是委屈过后，我们还是要去面对，委屈是不能改变结果的，既然这样，我们还不如把事情看开一些，使自己心情好一些。

一只小老鼠认为自己很渺小，总是自卑地羡慕别的事物。它看到放射着万丈光芒的太阳，便由衷地赞美太阳的伟大。太阳说：“乌云出来，你就看不见我了。”一会儿，乌云出来遮住了太阳，小老鼠又赞美乌云的伟大。乌云说：“风一来你就明白谁更伟大了。”一阵狂风吹过，云消雾散，小老鼠又情不自禁地赞美风的伟大。风却说：“你看前面那堵墙，我都吹不过去呀！”小老鼠爬到墙边十分景仰地赞美墙是世界上最伟大的。墙说：“你却能站在我的肩头，你才是最伟大的！”

这个世界上，每个人都是独一无二的。每个人都有自己的伟大所在，正确认识自己的价值，充满自信，就能活出生命中的精彩，轻松地面对一切。快乐和幸福，是每个人毕生的追求，但人和人追求的方式不一样，源泉也各异。谚语说：“恶人为了追求幸福而做恶事，善人通过行善获得幸福。”快乐工作是工作的最高境界，事实上每个人都能将快乐和工作合二为一，做一名快乐的职场人，只要你懂得尊重自己的职场快乐感！作为职场人，幸福更多的是用积极的心态面对工作和生活，实现自我价值。

生命的结局都是一样的，不同的是每个人生活的过程。只要我们把握好人生的方向盘，走好每一步，我们就是成功的。

当我们把手中的工作完美地做好，我们是快乐的；当我们与别人合作成功，我们是快乐的；当我们战胜困难，取得成绩，我们是快乐的；当我们放弃一些别人认为不可舍弃的东西时，我们还是快乐的。快乐和幸福不在别人眼里，不在别人的言语里，它在我们心里，是真情的流露，是心底最真实的表达。如果你每天都感觉自己生活在幸福快乐中，那么，不管你的事业是刚刚开始，还是已经功成名就，你都已经站在了人群中的最高处。因为，所有生命的真谛你都已经明了，所有人生的幸福都已经被你掌控。

为人处世经典名言警句

1.君子务本,本立而道生。

2.临渊羡鱼,不如退而结网。

3.敏而好学,不耻下问。

4.千丈之堤,以蝼蚁之穴溃;百尺之室,以突隙之烟焚。

5.人生有新故,贵贱不相逾。

6.三军可夺帅也,匹夫不可夺志也。

7.生于忧患,死于安乐。

8.士为知己者死,女为悦己者容。

9.岁寒,然后知松柏之后凋也。

10.受恩深处宜先退,得意浓时便可休。

11.势不可使尽,福不可享尽,便宜不可占尽,聪明不可用尽。

12.滴水穿石,不是力量大,而是功夫深。

13.平生不做皱眉事,世上应无切齿人。

14.须交有道之人,莫结无义之友。饮清静之茶,莫贪花色之酒。开方便之门,闭是非之口。

15.多门之室生风,多言之人生祸。

16.世事忙忙如水流,休将名利挂心头。粗茶淡饭随缘过,富贵荣华莫强求。

17.“我欲”是贫穷的标志。事能常足心常惬,人到无求品自高。

18.人生至恶是善谈人过,人生至愚是恶闻己过。

19.诸恶莫做,众善奉行,莫以善小而不为,莫以恶小而为之。

20.莫妒他长,妒长,则己终是短。莫护己短,护短,则己终不长。

21.做事不必与俗同,亦不宜与俗异。做事不必令人喜,亦不可令人憎。

22.世上有两件事不能等:一、孝顺;二、行善。

23.存平等心,行方便事,则天下无事;怀慈悲心,做慈悲事,则心中太平。

24.心量狭小,则多烦恼;心量广大,智慧丰饶。

25.平生无一事可瞒人,此是大快。